农民培训精品教材

U0272443

家庭农场合作社
创建与经营管理

李颜玲　郝艳美　主编

中国农业科学技术出版社

图书在版编目(CIP)数据

家庭农场合作社创建与经营管理／李颜玲，郝艳美
主编 . --北京：中国农业科学技术出版社，2024. 7.
ISBN 978-7-5116-6930-8

Ⅰ. F306. 1

中国国家版本馆 CIP 数据核字第 20248L2N80 号

责任编辑　白姗姗
责任校对　李向荣
责任印制　姜义伟　王思文

出 版 者　中国农业科学技术出版社
　　　　　北京市中关村南大街 12 号　　邮编：100081
电　　话　(010) 82106638 (编辑室)　　(010) 82106624 (发行部)
　　　　　(010) 82109709 (读者服务部)
网　　址　https://castp.caas.cn
经 销 者　各地新华书店
印 刷 者　鸿博睿特(天津)印刷科技有限公司
开　　本　140 mm×203 mm　1/32
印　　张　5
字　　数　130 千字
版　　次　2024 年 7 月第 1 版　2024 年 7 月第 1 次印刷
定　　价　39. 80 元

前　言

　　加快农业农村现代化进程，是实现中国式现代化的本质要求和必由之路。乡村振兴战略是解决我国现阶段城乡发展不平衡、农村发展不充分这个社会基本矛盾的战略性举措，产业振兴是促进乡村全面振兴的重要基础和关键抓手，家庭农场、农民合作社在促进农业产业发展、带动农民致富方面发挥着重要作用。

　　本书共十二章，分为家庭农场篇和农业合作社篇。家庭农场篇包括家庭农场的创建、家庭农场项目的选择、家庭农场的生产管理、家庭农场的经营决策、家庭农场的产品营销、家庭农场的财务管理、家庭农场的多样化延伸，农业合作社篇包括农民合作社的创建、农民合作社的组织管理、农民合作社的经营管理、农民合作社的财务管理、农民合作社的运行机制管理。本书通俗易懂，对于培养一批懂技术、会经营、能管理的家庭农场主及农民专业合作社法人，提高农民收入，改变农民经营管理的理念具有很大的指导意义。

编　者

2024 年 5 月

目　　录

家庭农场篇

农民合作社篇

家庭农场篇

第一章　家庭农场的创建

第一节　家庭农场的定义及重要地位

2013 年中央一号文件首次提到了家庭农场，并对其进行了解释说明。家庭农场作为新型农业经营主体，以农民家庭成员为主要劳动力，以农业经营收入为主要收入来源，利用家庭承包土地或流转土地，从事规模化、集约化、商品化农业生产，保留了农户家庭经营的内核，坚持了家庭经营的基础性地位，适合我国基本国情，符合农业生产特点，契合经济社会发展阶段，是农户家庭承包经营的升级版，已成为引领适度规模经营、发展现代农业的有生力量。

为进一步促进土地集中、发展适度规模经营，2020 年农业农村部发布了《新型农业经营主体和服务主体高质量发展规划（2020—2022 年）》，鲜明提出要大力培育家庭农场、农民合作社和农业社会化服务组织等新型农业经营主体和服务主体，着力解决我们国家规模农业发展中基础设施落后、经营规模偏小、集约化水平不高、产业链条不完整、经营理念不够先进等突出问题。将对家庭农场的培育放在各类新型农业经营主体首位，制定出了很多非常有力度的政策措施，提出到 2022 年，各级示范家庭农场达到 10 万家。

第二节　家庭农场的创建

一、家庭农场认定标准

1. 土地流转

以双方自愿为原则，并依法签订土地流转合同。

2. 土地经营规模

水田、蔬菜和经济作物经营面积 30 亩（1 亩 ≈ 667 米^2）以上，其他大田作物经营面积 50 亩以上。土地经营相对集中连片。

3. 土地流转时间

10 年以上（包括 10 年），部分地区要求 5 年以上。

4. 投入规模

投资总额（包括土地流转费、农机具投入等）要达到 50 万元以上。

5. 有符合创办专业农场发展的规划或章程

家庭农场认定标准的明确，对一味追求土地经营规模、资本雇工农业变身家庭农场等现象有了更好的整顿，有效避免了"冒充"家庭农场的现象。这对我国家庭农场健康快速的发展有非常重要的意义。

二、需准备书面材料

专业农场申报人身份证明原件及复印件。

专业农场认定申请及审批意见表。

土地承包合同或经鉴证后的土地流转合同及公示材料（土地流转以双方自愿为原则，并依法签订土地流转合同）。

专业农场成员要有出资清单。

有符合创办专业农场发展的规划或章程。

其他需要出具的证明材料。

三、家庭农场产业规模要求

种植业：经营流转期限 5 年以上并集中连片的土地面积达到 30 亩以上，其中，种植粮油作物面积达到 100 亩以上（部分区域 50 亩以上），水果面积 50 亩以上，茶园面积 30 亩以上，蔬菜面积 30 亩以上，食用菌面积达到 1 万米^2 或 10 万袋以上。

畜禽业：生猪年出栏 1 000 头以上，肉牛年出栏 100 头以上，肉羊年出栏 500 头以上，奶牛年存栏 100～200 头，家禽年出栏 10 000 羽以上，家兔年出栏 2 000 只以上。从事其他特色种养殖的年净收入达到 10 万元以上。

水产业：经营流转期限 5 年以上，且集中连片的养殖水面达到 30 亩以上（特种水产养殖面积达到 10 亩以上）。

林业：山林经营面积 500 亩以上，苗木花卉种植面积 30 亩以上，油茶 80 亩以上，中药材种植 30 亩以上。经营用材林地 200～5 000 亩，毛竹等经济林 50～1 000 亩，花卉苗木、林下种植 50～1 000 亩，林下养蜂 100～500 箱、林下养殖蛙类 20 000～100 000 只。

从事种养结合或综合型家庭农场土地面积达到 50～500 亩；其他种养业由当地县级农业农村行政主管部门结合实际自行认定。

四、家庭农场申报流程

（一）申报

农户向所在乡镇人民政府（街道办事处）提出申请，并提供以下材料原件和复印件（一式两份）。

（1）认定申请书。

（2）农户基本情况（从业人员情况、生产类别、规模、技术装备、经营情况等）。

（3）土地承包、土地流转合同等证明材料。

（4）从事养殖业的须提供《动物防疫条件合格证》。

（5）其他有关证明材料。

（二）初审

乡镇人民政府（街道办事处）负责初审有关凭证材料原件与复印件，签署意见，报送县级农业农村行政主管部门。

（三）审核

县级农业农村行政主管部门负责对申报材料进行审核，并组织人员进行实地考察，形成审核意见。

（四）评审

县级农业农村行政主管部门组织评审，按照认定条件，进行审查，综合评价，提出认定意见。

（五）公示

经认定的家庭农场，在县级农业信息网进行公示，公示期不少于7天。

（六）颁证

公示期满后，如无异议，由县级农业农村行政主管部门发文公布名单，并颁发证书。

（七）备案

县级农业农村行政主管部门对认定的家庭农场，须报市级农业农村行政主管部门备案。

第二章 家庭农场项目的选择

第一节 家庭农场的项目分类及选择

农业项目，泛指农业方面分成各种不同门类的事物或事情。包括物化技术活动、非物化技术活动、社会调查、服务性活动等。在农村、农业、农民的实际工作中，拥有数以万计的各种类型、内容不同、形式多样、时限有长有短的农业项目，包括每年新上的项目、延续实施的项目和需要结题的项目等。

一、项目分类

农业方面的项目依据其性质区分，一般有两大类，一类是农业生产项目，另一类是农业科技推广项目。

（一）农业生产项目

农业生产项目，主要是指在农、林、水、气等部门中，为扩大农业方面长久性的生产规模，提高其生产能力和生产水平，能形成新的固定资产的经济活动。

（二）农业科技推广项目

农业科技推广项目，主要是指国家、各级政府、部门或有关团体、组织机构或科技人员，为使农业科技成果和先进实用技术尽快应用于农业生产，保障农业的发展，加快农业现代化进程，并体现农业生产的经济效益、社会效益和生态效益而组织的某一项具体活动。

二、项目选择

家庭农场应根据自身条件、定位，选择国家政策扶持的项目。

（一）项目选择依据

1. 市场需要

在农业生产经营和技术推广过程中，有时生产经营能力不能适应发展的需要，其生产的农产品并非市场所急需或某类农产品有供过于求或农产品附加值太低的问题，因此需要充分考察国内外市场的需求状况，确定目标市场，并对目标市场进行细分，进而实施不同的农业项目，实现增产增收或其他推广目标。

2. 社会发展的需要

从广义上讲，社会发展就是社会进步。从狭义上讲，社会发展是从传统社会向现代社会的变迁过程。单纯的经济增长不等于社会发展，它包括经济发展、社会结构、人口、生活、社会秩序、环境保护、社会参与等若干方面的协调发展。最主要是人的发展、现代科技的普及等。

因此，在农业生产经营和技术推广活动中必须有计划、分步骤地开展各种各样的项目实施工作，即根据不同的项目有计划、有目的地提高生产经营能力，对新成果进行传播和应用，提高农业生产水平。

（二）农业生产项目的分类

1. 现代农业生产发展资金项目

现代农业生产发展资金主要用于支持各地稳定发展粮油战略产业，加快发展蔬菜等十大农业主导产业，促进粮食等主要农产品有效供给和农民持续增收。现代农业生产发展资金的支持对象为：农民专业合作社，家庭农场，专业种养大户，与农民建立紧密利益联结机制、直接带动农民增收的农业龙头企业等现代农业生产经营主体，开展农技推广应用的农技推广机构以及粮食生产功能区建设主体。优先支持对推进村级集体经济发展壮大有较大作用的主体。现代农业生产发展资金主要支持以下关键环节。

基础设施建设：项目区土地平整、土壤改良，主干道、作业道、蓄水灌溉、田间水利、滴喷灌设施，大棚温室、育苗设施，高标准鱼塘改造、浅海养殖设施、新型网箱、水处理设施，标准化养殖畜禽舍，养殖专用生产设施及防疫设施，"两区"生产配套服务设施等基础设施建设。

设备购置：农（林、渔）业机械，质量安全检测检验仪器设备，农产品产地加工、贮藏、保鲜、冷藏等设备购置。

技术推广：良种引进推广、繁育，品种优化改良，先进实用技术和生态循环农业发展模式推广应用与技术培训和示范。

现代农业生产发展资金在加大对种子种苗、科技推广、机械化、产业化与合作经营机制培育、基础设施建设等扶持力度的同时，根据不同产业，重点支持以下具体内容。

粮油产业（主要包括水稻、小麦、玉米、油菜、木本油料等产业）：重点支持基础设施、土壤改良和"三新"技术推广示范、粮食生产高产创建等。

蔬菜产业：重点支持微蓄微灌和大棚设施建设等。

茶叶产业：重点支持标准茶园建设和初制茶厂优化改造等。

果品产业（主要包括柑橘、杨梅、梨、桃、葡萄、枇杷、李、蓝莓等产业）：重点支持精品果品基地建设和产后处理等。

畜牧产业（主要包括猪、牛、羊、禽类等产业）：重点支持标准化生态循环养殖小区建设和良种引进等。

水产养殖产业（主要包括鱼类、虾蟹类、龟鳖类、珍珠、海水贝藻类等产业）：重点支持高标准鱼塘、新型网箱、节能温室、浅海养殖等基础设施建设和设备购置，以及稻田养鱼、水产健康养殖示范基地、水产品新品种新技术推广等。

竹木产业：重点支持林区道路等基础设施建设和竹木高效集约经营利用项目等。

花卉苗木产业：重点支持大棚等设施设备和产品推广等。

蚕桑产业：重点支持蚕桑优化改造和种养加工设施等。

食用菌产业：重点支持集约化生产基地和循环生产模式等。

中药材产业：重点支持药材规范化基地建设和产地加工等。

2. 财政农业专项资金项目

财政农业专项资金项目是为进一步推进粮食生产功能区、现代农业园区和基层农业公共服务中心建设，保障农业现代化行动计划顺利实施而设立的，通过强化资金集聚和项目带动，推动农业生产规模化、产品标准化、经济生态化。支持对象为规范化农民专业合作社、家庭农场、专业大户、国有农场、村经济合作社、与农民建立紧密利益联结机制的农业龙头企业等生产经营主体，以及开展农技推广应用的推广机构。

第二节　家庭农场项目申报

一、申报前的准备

项目主管部门在发布项目指南后，相关农业企业（包括家庭农场）对照指南要求，开始前期准备工作，填写项目申请书，并进行可行性分析研究和论证评估。提交项目申请书后，有的项目还应按照要求准备答辩。为了提高项目申报的成功率，申报单位对所申报的项目，应集思广益，聘请有关专家，参照有关规定和指南进行认真的论证，并积极修改项目申报的相关材料。申报前的论证关系申报的成败，必须积极、认真，坚持实事求是。

二、明确项目承担单位条件

农业项目需要具体的承担单位来执行并完成，项目承担单位的条件如下。

一是领导重视。承担单位领导对项目的实施非常重视，愿意承担项目的实施工作。

二是有较完善的组织机构。承担单位必须是农业经营主体，内部管理机构完善，分工明确，人员配备完整。

三是有较强的技术力量和必要的仪器设备。承担单位的技术依托单位技术力量较强，技术人员有与项目相关的专业知识，技术水平较高，有承担项目实施的经验。同时，有与项目实施要求相适应的仪器设备，能完成项目的实施任务。

四是有一定的经济实力。农业项目的实施，除项目下达单位拨付一定经费外，往往还需要承担单位配套相应的经费。因此，承担单位必须有一定的经济实力，才能完成项目实施任务。

五是有较强的协调能力。有的项目一个单位完成有一定的困难，需要其他相关单位配合才能完成。因此，在有多个单位一起参与的情况下，主持（承担）单位必须具有较强的协调能力，指挥协作单位共同完成项目任务。

三、明确项目承担单位和申请人的职责

项目主持人（负责人）一般应由办事公正、组织协调能力较强、专业技术水平较高的行家担任。项目主持单位和项目主持人（负责人），能牵头做好以下工作。

一是编写《项目可行性研究报告》，并根据专家论证意见修改、补充，形成正式文本。

二是搞好项目组织实施、组织项目交流、检查项目执行情况。每年年底前将上年度项目执行情况报告、统计报表及下年度计划，报项目组织部门审查。

三是汇总项目年度经费的预决算。

四是负责做好项目验收的材料准备工作。

五是传达上级主管部门有关项目管理的精神，反映项目实施过程中存在的问题，提出相应的解决意见，报项目组织部门审核。

四、项目申报材料的一般格式

1. 农业生产项目的申报材料

一般有项目可行性研究报告和财政申报文本两种。

（1）农业项目可行性研究报告的一般格式和要求如下。

①项目摘要。项目内容的摘要性说明，包括项目名称、建设单位、建设地点、建设年限、建设规模与产品方案、投资估算、运行费用与效益分析等。

②项目建设的必要性和可行性。

③市场（产品）供求分析及预测。主要包括本项目区本行业（或主导产品）发展现状与前景分析、现有生产能力调查与分析、市场需求调查与预测等。

④项目承担单位的基本情况。包括人员状况、固定资产状况、现有建筑设施与配套仪器设备状况、专业技术水平和区域示范带动能力等。

⑤项目地点选择分析。项目建设地点选址要直观准确，要落实具体地块位置并对与项目建设内容相关的基础状况、建设条件加以描述，不能以项目所在区域代替项目建设地点。具体内容包括项目具体地址位置（要有平面图）、项目占地范围、

项目资源及公用设施情况、地点比较选择等。

⑥生产工艺技术方案分析。主要包括项目技术来源及技术水平、主要技术工艺流程、主要设备选型方案比较等。

⑦项目建设目标。包括项目建成后要达到的生产能力目标，任务、总体布局及总体规模。

⑧项目建设内容。项目建设内容主要包括土建工程、田间工程（指农牧结合的）、配套仪器设备、配套农机具等。要逐项详细列明各项建设内容及相应规模。

土建工程：详细说明土建工程名称、规模及数量、单位、建筑结构及造价。建设内容、规模及建设标准应与项目建设属性与功能相匹配，属于分期建设及有特殊原因的，应加以说明。水、暖、电等公用工程和场区工程要有工程量和造价说明。

田间工程：建设地点相关工程现状应加以详细描述，在此基础上，说明新（续）建工程名称、规模及数量、单位、工程做法、造价估算。

配套仪器设备：说明规格型号、数量及单位、价格、来源。对于单台（套）估价高于5万元的仪器设备，应说明购置原因及理由和用途。对于技术含量较高的仪器设备，需说明是否具备使用能力和条件。

配套农机具：说明规格型号、数量及单位、价格、来源及适用范围。大型农机具，应说明购置原因及理由和用途。

⑨投资估算和资金筹措。依据建设内容及有关建设标准或规范，分类详细估算项目固定资产投资并汇总，明确投资筹措方案。

⑩建设期限和实施的进度安排。根据确定的建设工期和勘察设计、仪器设备采购、工程施工、安装、试运行所需时间与进度要求，选择整个工程项目最佳实施计划方案和进度。

⑪土地、规划、环保和消防。需征地的建设项目，项目可

行性研究报告中必须附国土资源部门核发的建设用地证明或项目用地预审意见。需要办理建设规划报建以及环评和消防审批的，附规划部门以及环保、消防部门意见。

⑫项目组织管理与运行。主要包括项目建设期组织管理机构与职能、项目建成后组织管理机构与职能、运行管理模式与运行机制、人员配置等；同时要对运行费用进行分析，估算项目建成后维持项目正常运行的成本费用，并提出解决所需费用的合理方式方法。

⑬效益分析与风险评价。对项目建成后的经济与社会效益测算与分析。特别是对项目建成后的新增固定资产和开发、生产能力，以及经济效益、社会效益等进行量化分析。

⑭有关证明材料。各种附件、附表、附图及有关证明材料应真实、齐全。

（2）农业财政资金项目申报标准文本的一般格式和要求如下。

农业财政资金项目申报标准文本为表格式文本，按其具体要求逐一填写。主要有以下内容。

①基本信息。包括项目名称、资金类别、项目属性、总投资、其中申请财政补助、项目单位名称等。

②项目可行性研究报告摘要。包括项目与项目单位概况（项目基本情况：立项背景、建设目标等；项目单位情况：近两年财务状况、技术条件和管理方式等）、投资必要性分析（是否符合产业政策、行业和地区发展规划；资源优势及其与当地主导产业关系；促进当地经济发展和农民增收作用）、市场分析（项目主要产品种类、生产和销售情况；主要产品的市场供需状况及发展趋势；主要产品的市场定位与竞争力）、生产、建设条件分析（项目所在地自然资源条件、社会经济条件；交通、水、电、通信等基础设施与配套设施）、建设方案（项目实施地点、范围和实施计划；建设内容和技术方案；

项目运作机制和组织落实）、财政补助资金支持环节、投资估算与资金筹措、主要财务指标、社会效益分析、示范带动作用、促进农民增收、公共服务覆盖范围、生态环境影响、结论。

③项目评审论证表和申报项目审核表。

2. 农业科技推广项目的申报材料

一般包括项目申请表、项目可行性报告、承诺书及有关附件材料等。

项目可行性报告的一般格式和要求如下。

项目概况、国内外同类研究情况（包括技术水平）；技术（产品）市场需求、经济、社会、生态效益分析；项目主要研究开发内容、技术关键；预期目标（要达到的主要技术经济指标；自主知识产权申请拥有设想）；项目现有技术基础和条件（包括原有基础、知识产权情况、技术力量的投入、科研手段等）；实施方案（包括技术路线、进度安排）；项目预算（包括经费来源及用途）；申请单位概况（包括企业规模、技术力量、设备和配套情况、企业资产及负债情况）；项目负责人及主要参加人员简历等。

五、项目的立项程序

申报农业项目，首先要由承担单位，主要是农村家庭农场等经济实体，根据项目申报指南要求，选择符合自身实际要求的项目，填报申请表及项目可行性报告，分别通过网上和书面两条途径向项目主管部门申报。项目主管部门接到申报材料后，将组织相关专家进行综合评价，有的还要进行实地考察，有的项目初评结果还将在网上进行公示，公示期限内无异议的正式立项，并签订项目合同或下达项目计划任务书。

第三节　家庭农场项目投资评价与管理

随着家庭农场的不断发展壮大，其生产经营项目呈现出多样化、特色化特点，这就对家庭农场生产项目的投资选择与管理方面提出更高的要求。在农业产业化的经营背景下，家庭农场管理者要根据市场需求调整经营项目（如选择种植和养殖品种），这就需要对比调整成本和调整后收益，并制定出多个可行方案进行选择。

一、项目投资评价程序及现金流估算

（一）项目投资评价程序

投资评价主要分为技术评价和财务评价。

技术评价主要是认证项目技术的可行性，即农场生产者有没有相关的技术、技能储备。

财务评价主要是看项目在经济和财务上的合理性，以及项目的未来盈利情况。

财务评价主要有以下几个步骤。

第一，提出几个投资方案以供对比选择。

第二，估算各个方案的现金流，确定可能的现金流入量。

第三，测算有关的价值指标（如净现值、回收期等）进行对比选择，提出财务评价结论。

（二）项目现金流的估算

项目现金流是指投资项目在整个投资周期内发生的现金流入和现金流出的数额。现金流出量指该方案引起的现金支出（如建设投资、垫支的流动资金、经营成本、各项税款）；现金流入量指该方案引起的现金增加额（如营业收入、固定资产变价收入、回收的流动资金）。现金净流量是指一定时期内

现金流入量与现金流出量的差额，其中的一定时期指一年内或投资项目建设的整个年限内。其关系式为：

现金净流量＝销售收入－付现成本－所得税＝销售收入－（成本－折旧）－所得税＝利润＋折旧－所得税＝净利润＋折旧

某家庭农场投资一项畜牧特种养殖项目，经过计算该方案投产后年销售收入10万元，年销售成本8.5万元，其中折旧2万元，项目免所得税。计算该项目年现金净流量。

付现成本：8.5－2＝6.5万元

利润：10－8.5＝1.5万元

现金净流量：1.5＋2＝3.5万元

二、项目投资的评价方法

在评价中如果方案的收益大于成本，则方案是可取的。如果几个方案的收益都大于成本，则应选择净收益额最大的方案。家庭农场项目投资的评价方法主要为投资回收期法。

投资回收期法是根据回收初始投资额所需时间的长短来判定该方案是否可行的方法。投资回收期越短对投资者越有利。家庭农场可采用静态投资回收期法计算。计算公式为：

投资回收期＝初始投资额／每年现金净流量

三、项目投资管理

（一）合理利用外来投资进行项目建设

由于家庭农场管理者的资金有限，为了提高项目建设水平，往往需要接受外来投资进行建设。

外来投资种类按出资方式划分，分为货币投资和非货币投资。非货币投资需要对投入资产进行合理估价。注意在吸收非货币投资时，一定要坚持投入资本的有用性，特别是无形资产，一定要有使用价值，能带来更多的经济效益。

吸收外来投资的价值确定吸收投资的价值，确定的原则是：对外币形式投入的资本，应按照一定时间的外汇汇率计价；对实物资产和无形资产，应进行资产评估，确定公允定价；如果投资者以劳务形式投资，则劳务投资的价值要按照农场所在地当时的人力工和技术工的社会平均劳务价格为标准计算其价值。

（二）要注意节约固定资产投资

在资金有限的情况下，一般都是优先考虑维持正常生产现状，先保证流动资金的需要，然后再考虑扩大生产规模。家庭农场想不断发展壮大，就必须加大对固定资产的投资，特别是生产经营中的关键设备，如何节省开支又能用上固定资产，成为急需解决的问题。家庭农场可以通过从外部租赁固定资产、委托加工（委托培育）、委托生产等办法加以解决。例如，农场需要增添生产设备或扩大经营面积而眼下又无财力购买新设备和购置厂房，这时可以租赁外部设备或场所，只需要按期支付一定的租金，从而缓解财政压力。

在租赁形式上，如果想长期租用可选择融资租赁，只需短期租用的，可选择经营租赁。

第四节　家庭农场农产品加工项目建设

一、优势农产品加工业的主要领域

农产品优势具有区域性，不同省份有不同的优势农产品。因此，家庭农场要发展优势农产品必须结合当地实际情况做出决策。例如，某地农产品加工业发展重点为粮食、畜禽、果蔬、油料、茶叶、水产品、棉麻、竹木加工八大主导产业，重点打造粮食、畜禽、果蔬加工三大产业，发展培育一批年产值过数亿元的龙头企业。因此，该地家庭农场的规划与建设必须结合农产品优势产业发展规划，以上述重点发展产业为依托，延伸产业链头，建设成为优势产业的生产基地、加工基地。

二、家庭农场农产品加工项目建设要点

（一）总体概述

加工项目名称和项目概述；产品需求与产品销售；产品方案与生产规模；生产方法；主要原料与水电供应；环境保护；总投资与资金来源；经济、社会效益分析。

（二）项目背景与发展概况

加工项目的产生背景和项目发展前景分析。

（三）市场需求与建设规模

市场需求现状、建设规模。

（四）建设条件

资源；主要原、辅助材料；建厂条件：水、电、气象、公共设施、水文条件等。

（五）工程技术方案

（1）生产技术方案。产品采用的质量标准、技术方案选择、工艺流程、主要原材料、动力消耗指标。

（2）总平面布局与运输。

（六）环境保护

对环境影响的预测；设计采用的标准；环境保护及处理措施。

（七）劳动人员培训

加强相关从业人员对农产品加工技能、食品生产相关法律法规、生产流程与要求以及卫生要求等方面的培训。

（八）实施进度

选址、建厂、购置设备、安装生产线、原材料供应等方面

的时间安排。

（九）投资估算与资金筹措

农产品加工场需要的投资估算及资金的筹集方式。

（十）产品成本估算

农产品加工成本、包装成本、工人工资、机器设备损耗折旧以及场地地租等方面的费用估算。

（十一）财务、经济评价

对农场正常运营进行财务、经济评价，投入产出分析等。

第三章　家庭农场的生产管理

第一节　家庭农场的生产计划管理

一、生产经营计划的类型

家庭农场生产经营计划按计划时间长短可分为长期计划、年度计划和阶段（季节）计划，这3种计划相互补充、相互联系。

（一）长期计划

长期计划一般是指5年计划，指明家庭农场的生产经营方向、生产规模，主要是将重要的经营发展项目和措施确定下来，树立长期的奋斗目标。长期计划包括的内容主要有概述家庭农场生产经营的现状和发展基础；确定家庭农场生产经营的指导思想；制定发展目标和收入指标，如固定资产投入、生产产量、商品率、劳动生产率、土地生产率、资金成本和利润等；实现长期计划的措施，主要是土地利用、农业基本建设、农机设备配置、经营管理、从业人员素质提高等方面。

（二）年度计划

年度计划是指家庭农场在计划年度内应该实现的经营目标，包括产品品种、产量、产值、劳动生产率、土地利用率、物质消耗、成本、利润及其他应达到的目标。家庭农场的年度计划由生产计划、物资供应计划、产品销售计划、技术措施计划、财务收支计划等构成。年度计划是长期计划的具体化表现。

(三) 阶段 (季节) 计划

阶段 (季节) 计划主要是根据年度计划的要求与家庭农场在不同阶段 (季节) 的实际情况来编制的计划。阶段 (季节) 计划的内容比较具体,可根据不同的生产项目的阶段和联系性划分不同的阶段 (季节)。阶段 (季节) 计划是年度计划的具体化。为使阶段 (季节) 计划得到有效的执行,家庭农场生产经营者可采用卡片或表格的形式,把阶段 (季节) 计划下达到执行人,用计划来指导生产活动。

二、编制生产经营计划的前期工作

家庭农场编制生产经营计划时,应做好以下前期工作。

(一) 认识环境,分析条件,估量机会

环境是家庭农场进行生产经营活动的外部条件,是家庭农场生产经营活动的前提。通过对环境的认识,把握机会,减少不确定因素所造成的风险损失。同时,认识环境可以更好地预测未来发展趋势,增强家庭农场的应变能力。家庭农场通过对生产经营地区自然、经济、社会资源的状况,以及技术、设备、管理方面的因素进行分析,初步考察未来可能出现的机会,了解获得这些机会的能力,根据自身的条件,为制订生产经营计划提供依据。

(二) 做好原始记录和统计工作

原始记录是指作业日表、物资领料单等;统计工作主要是把原始记录进行分类、汇总、分析,掌握事物的发展规律。原始记录和统计工作是制定定额、编制计划的依据,也是监督计划执行的工具。原始记录和统计工作应做到全面、准确、及时,应有专人负责这项工作。

（三）制定和修改各种定额

定额是计算各项资源需要量的依据。定额包括人员配备定额、劳动定额、物资储备定额、物资消耗定额、资金占用定额、费用和成本定额等。

三、编制方法

家庭农场编制生产经营计划的基本方法，一般有以下几种。

（一）定额法

定额法是根据有关定额来计算、确定计划指标的方法。如根据物资消耗定额和产量定额，计算单位产品的原材料需要量等。

（二）比例法

比例法就是利用两个相关的经济指标之间长期形成的比例，推算并确定有关计划指标的方法。如依据辅助材料消耗量和主要材料消耗量的比例，通过计划期内主要材料消耗量来确定辅助材料的需要量。

（三）平衡法

平衡法是从生产经营活动的整体出发，根据各环节、因素、指标之间的相互关系，采用平衡表的形式，在数量上协调各个环节和生产要素间平衡关系的方法。

平衡表的基本内容一般是由需要量、供应量、余缺和平衡措施四部分组成。在平衡表上通过"需要量""供应量""余缺"三部分之间的相互制约关系，进行比较、试算和调整，可以对生产经营各方面的资源与需要、社会生产与市场需求、家庭生产与生活需求的情况进行预算，实现基本平衡，进而确定家庭农场生产经营计划的基本指标和基本比例关系。

第二节　家庭农场的生产过程管理

一、家庭农场的种植业生产管理

种植业生产管理是家庭农场生产管理重要内容之一。

(一) 种植业生产结构优化

种植业生产结构是指在一定区域内各种作物种植面积占总种植面积的百分比,用以反映各种作物的主次地位、生产规模。研究种植业生产结构,要解决粮食作物、经济作物、饲料作物与其他作物之间的比例关系;粮食作物中要研究粗粮作物与细粮作物、夏粮与秋粮之间的比例关系;在经济作物中要研究油料作物、纤维作物、糖料作物之间的比例关系等。

(二) 种植业生产计划

生产计划是生产活动的行动纲领,是组织管理的依据。种植业生产计划就是将年内种植的各种作物所需要的各种生产要素进行综合平衡,统筹安排,以保证家庭农场计划目标的落实。

1. 种植业生产计划的内容

种植业生产计划,是种植业生产的空间布局和时间组合的安排,是种植业生产管理的重要一环。

(1) 种植业生产计划分类。

①按时间长短分为长期计划、年度计划、阶段作业计划。

②按内容分为耕地利用计划、作物种植计划、作物产量计划、农业技术措施计划等。

③按作用分为基本生产计划、辅助生产计划、技术措施计划等。

(2) 种植业生产计划的内容。种植业生产计划主要有耕地发展和利用计划、农作物产品产量计划、农业技术措施计划、农业机械化作业计划等。

2. 种植业生产计划的制订方法

常用的种植业生产计划的编制方法包括综合平衡法、定额法、系数法、动态指数法、线性规划法等。现将综合平衡法介绍如下。

综合平衡法是编制计划的基本方法。种植业生产涉及各种作物的合理搭配，以及生产任务与生产要素的平衡；计算各种生产要素可供应量与生产任务的需要量，主要是通过比较，找出余缺，进行调整，实现平衡。

（三）种植业生产过程组织

农作物生产过程是由许多相互联系的劳动过程和自然过程相结合而成的。劳动过程是人们的劳作过程；自然过程是指借助于自然力的作用过程。种植业生产过程，从时序上包括耕、播、田间管理、收获等过程；从空间上包括田间布局、结构搭配、轮作制度、灌溉及施肥组织等过程。各种作物的生物学特性不同，其生产过程的作业时间、作业内容和作业技术方法均有差别。因而，需要根据各种作物的作业过程特点，采取相应的措施和方法，合理组织生产过程。

二、家庭农场的养殖业生产管理

（一）养殖业的生产任务

养殖业生产任务是根据市场需要，结合资源环境和经济技术条件，确定合理的生产结构；采用科学的养殖方式，发展家畜、家禽、水产品养殖与培育，生产更多更好的畜禽及水产品，以满足社会的多样化需求。

1. 确定生产结构

养殖家庭农场应根据国家经济发展战略目标、市场需求状况和家庭农场自身的资源条件，坚持"以一业（一品）为主，多种经营"的经营方针，因地制宜地确定畜禽生产结构。有丰富的饲草资源的地区，可以多发展牛、羊等食草畜，适当发展生猪和家禽；在广大农区，以养猪、鸡等家禽为主，有条件的可兼养牛、羊等，以充分利用农业精饲料和秸秆粗饲料等多种资源，降低生产成本。

2. 建立饲料基地

饲料是养殖业发展的物质基础。发展养殖业，提高畜禽产品和质量，其基本条件是建立相对稳定的饲料基地，保证畜禽正常的生长发育，解决"吃饱"的问题。同时，要发展饲料加工业，生产各种配合饲料和添加剂，提高饲料质量，满足各种畜禽、鱼虾等各个生长期的多种营养需求，解决"吃好"的问题。

3. 提供优质产品

动物品种的优劣，关系植物饲料的转化率和产品的生产率。因此，养殖业生产的重要任务之一，就是要不断引进和培育优良品种，实施标准化生产，提高畜禽产品和水产品的内在品质，为社会提供更多的优质产品。

（二）养殖业的生产组织与管理

1. 饲料组织与利用

饲料的种类、数量、质量对养殖业发展有直接的制约作用。

（1）广开饲料来源。一是充分利用饲料基地的资源供给；二是合理利用天然饲料资源，以利于就地取材，提供部分饲料，降低饲料成本。

（2）做好饲料供需平衡。饲料的数量和质量，决定养殖业的种类和规模，因此，要做好饲料供需平衡工作。既要科学地预测各种饲料的需求量，又要积极组织饲料来源，在挖掘饲料潜力的基础上，做好饲料供需平衡工作。具体方法，可通过编制平衡表来实现饲料供需的计划性。

（3）合理利用饲料资源。饲料是养殖生产的主要原料，饲料组合方式和饲料投入量对畜禽、鱼虾的生长、发育及其产品形成有着密切的关系。在畜禽、鱼虾生长发育过程中，不同种类、品种，以及同一品种的不同发育阶段，需要不同的营养成分。因此，养殖业生产，要改"收什么，喂什么"的传统饲养方式为"喂什么，收什么"，科学地利用、配合精饲料喂养，以利于提高料肉比。

2. 饲料管理与规范

（1）规范饲料管理制度。包括：①饲养管理标准化制度，如喂养制度、饲料供应制度、良种繁育和推广制度、防疫卫生制度等。②饲养管理责任制度，即责权利制度，包括岗位责任制、定额计件责任制、喂养承包责任制、综合承包责任制等。

（2）重视引进和改良品种。扩大优良品种的繁育和推广，提高优良品种率，是提高畜禽产品和水产品产量及质量的关键。在引进优良品种的同时，应加强技术管理，防止品种退化，稳定产品质量。

（3）实行标准化生产运作。即按科学化管理要求，对畜禽逐步实行按性别、用途、年龄分组、分类的管理，合理确定不同组别的技术经济标准、饲料配方、饲养方法和饲养管理标准，以提高饲养生产管理水平。

（4）适度扩大饲养规模。根据生产发展水平和市场需求状况，适度扩大饲养规模，提高饲养机械化水平，逐步实施专业化养殖，以实现规模经济效益。

（三）养殖业生产计划

畜禽生产，除了依靠专业饲养技术人员搞好饲养管理外，还必须依靠专业管理人员搞好生产管理。生产管理的关键是做好计划管理，包括生产计划和生产技术组织计划。

（四）专业化养殖场生产管理

以养殖猪场为例，养猪场类型可分为如下几类：第一类，包括繁殖、育肥在内的自繁、自育的猪场；第二类，只进行繁殖、销售仔猪的猪场；第三类，购买仔猪进行育肥的猪场。下面以自繁、自育的猪场为例，阐述工厂化养猪的生产管理。

1. 仔猪选留

（1）猪的选种。一是根据猪群的总体水平进行选种，如猪的体质外形、生长发育、产仔数、初生重、疫病情况等。二是根据猪的个体品质进行选种，主要从经济类型、生产性能、生长发育和体质外形等方面进行。

（2）育肥仔猪的选择。一是从品种方面，选择改良猪种和杂交猪种，因为它们比一般猪种生长发育快；二是从个体方面，选择体大健康、行动活泼、尾摆有力的个体。

2. 饲料利用

饲料是养殖业生产的主要原材料，饲料组合和饲料投入量对畜禽生长、发育和畜产品形成均有极为密切的关系。各种畜禽生长、发育及其形成的畜产品，均有它自己特有的规律，而且其饲料转化比也不尽相同。因此，针对不同的养殖对象，研制出不同的最低成本饲料配合方案，以提高饲料边际投入，获得最大的产出效益。饲料报酬一般使用以下计算公式：

$$饲料转化率（\%）=\frac{畜产品产量（千克）}{饲料消耗量（千克）}\times 100$$

$$肉料比=\frac{饲料消耗量（千克）}{畜产品产量（千克）}$$

由于饲料和畜产品的种类很多，各种饲料的营养成分差别很大，很难直接评价其利用率的高低。因此，通常把各种畜产品产量和所消耗的饲料量换算成能量单位（焦耳），用饲料转化率指标来评价。

饲料转化率的高低反映了养殖业生产水平的高低，若饲料转化率高，则表明饲料利用充分，畜产品成本低，经济效益好，养殖业生产水平高。

3. 猪的饲养管理

仔猪饲养的基本要求是"全活全壮"，出生后一周内的仔猪，着重抓好成活率。一是做好防寒保暖等护理工作；二是做好饲养工作，日粮以精饲料为主，饲料多样化。同时，要及时给母猪补饲，以免影响仔猪的成活。

育肥猪的饲养，其育肥的基本要求是：日增重快，在最短的时间内，消耗最少的饲料与人工，生产品质优良的肉产品。一般育肥方法有两种：一是阶段育肥法，即根据猪的生长规律，把整个育肥期划分成小猪、架子猪、催肥猪等几个阶段，依据"小猪长皮、中猪长骨、大猪长肉、肥猪长膘"的生长发育特点，采取不同的日粮配合。在最后催肥阶段，除加大精料量外，尽量选用青粗饲料。这种方法的优点是：精饲料用量少，育肥时间长，一般在饲料条件差的情况下采用。二是直线育肥法，即根据各个生长发育阶段的特点和营养需要，从育肥开始到结束，始终保持较高的营养水平和增重率。此法育肥期短、周转快、增重多、经济效益好。

三、家庭农场的农产品加工业生产管理

发展农产品加工业，可以增加农产品的科技含量和附加值，是增加农民和家庭农场收入的重要途径。农产品加工业具备良好的市场前景，随着科学技术的进步、农业产业结构的调整，农产品加工业在农村经济发展中将起着举足轻重的作用。

（一）农产品加工业生产过程管理

农产品加工生产过程，一般分为生产准备过程、基本生产过程、辅助生产过程和生产服务过程等。

1. 生产准备过程

生产准备主要从两方面进行：一是硬件设施；二是软件基础。

（1）硬件设施。

①加工原料配备。加工原料的配备是加工家庭农场最为繁杂且经常性的准备工作，即各种农副产品原料的采购、运输和储备等工作。农副产品加工的主要原料包括粮、棉、油、糖、茶、肉、果、原木、药草、毛皮等，其中大多是鲜活产品，有的易腐、易损、不耐储藏。所以在生产准备工作中，应选择灵活的采购方式、采购批量、运输方式和储备方式等，以保证加工品的质量。

②技术工艺工作。包括产品设计、工艺设计、技术图纸、工艺文件、新产品的试制等。只有不断地采用新技术、新加工工艺，坚持小批量、多品种、优质量的竞争策略，才能使家庭农场在激烈的竞争中立于不败之地。

③生产条件供给。根据加工家庭农场的生产车间、生产场地的作业面大小、设备要求，适当装配供电、供水、供气设施，以确保生产的不间断进行。

④质量检验体系。农副产品的加工制品，大多数是日常生活消费品，尤其是食品类产品，其质量优劣直接影响人们的身体健康。因而，注重产品质量是提高家庭农场知名度和竞争能力的关键因素。

⑤安全保障措施。主要是家庭农场生产所必需的卫生检测、安全设备、劳动保护、消防器械等物品装置的准备。

新建的加工家庭农场，还要做好工程验收以及操作工人的技术培训等产前试操作工作。

（2）软件基础。

①组织规章制度。主要是根据家庭农场的生产规模、生产任务、产品特点的不同，制定相应的责任制度和规章制度。包

括生产责任制、岗位责任制、安全规章等。明确家庭农场内部各级生产组织和各职能部门的权利、职责和利益。

②生产管理制度。包括劳动定额、物资储备定额、原料消耗定额、能源消耗定额等，并根据各生产单位的生产任务，将一定时期内所需要的劳动力、生产要素，通过合理配置，落实到各生产单位。

③家庭农场经营计划。包括年度生产财务计划、阶段作业计划、劳动用工计划、生产进度计划、原料供应计划等。

④生产操作规程。

总之，生产过程的准备应有科学的预见性，既要估计家庭农场生产经营中可能出现的各种问题，又要预见科学技术的发展和市场需求的变化给家庭农场带来的影响。因为农副产品加工业大多数属于生活资料的生产行业，具有有机构成水平低、资金周转速度快、易于吸引闲置资金的特点，是一个竞争激烈的行业。

2. 基本生产过程

基本生产过程是指直接改变劳动对象的物理和化学性质，使其成为家庭农场主要产成品的直接加工、处理过程。基本生产过程是家庭农场生产经营全过程的中心环节，代表着家庭农场生产的专业化方向。

3. 辅助生产过程

辅助生产过程是指为保证基本生产过程的正常进行而从事的各种辅助性生产活动的过程，如为基本生产提供动力、工具和维修工作等。

4. 生产服务过程

生产服务过程是指为保证生产活动顺利进行而提供的各种服务性工作，如供应工作、运输工作、技术检验工作等。

(二) 农产品加工业生产质量管理

产品质量直接关系家庭农场的兴衰。在经济全球化的今天，我国农产品加工家庭农场面临着一个竞争日趋激烈的国内外市场。只有在质量、品种、价格、售后服务等方面占有优势，家庭农场才能生存和发展。因此，质量管理是家庭农场经营战略的重要内容。

1. 产品质量标准

产品质量标准是指对产品品种、规格、质量的客观要求及其检验方法所作出的具体技术规定。它是家庭农场生产管理和处理质量纠纷的技术依据。它分为国际标准、国家标准、部颁标准和家庭农场标准4个等级。

2. 生产过程的质量控制

生产过程的质量控制，是实现产品开发设计意图，形成产品质量的重要环节，是实现家庭农场质量目标的重要保证。为此，家庭农场必须抓好生产过程中每一个环节的质量，严格执行并全面达到质量技术标准和管理标准。

第三节 家庭农场农业机械的配置与管理

一、家庭农场的农业机械配置

家庭农场的动力机械尽量考虑一机多用，以降低投资成本。

在农场经营资金不是很充裕的情况下，有些不是急需的机械可考虑外租，如烘干机械、运输机械、水源充足地区的灌溉机械等。

劳动强度大、时间要求高的主要农艺作业的农业机械，为了避免与其他农业经营单位发生冲突，减轻自己的劳动强度，改善劳动环境，还是自己尽量配足为好。

二、农业机械的管理维护

农业机械使用过程中，经过长时间运行，受到运动摩擦的影响，机械零部件会产生变形和松动，因此形状和尺寸大小等会出现变化。若没有及时进行处理和保养，则会留下使用性能隐患，降低机械性能。为了保证农业机械能够及时投入运行，需要制定相应的维修和保养制度，开展检查和清洗等各项维护工作，通过采取调整、紧固及更换等措施，解决机械存在的问题，遏制机械性能恶化的进程，减少能源消耗，提高生产作业的效率，获得更多的生产经济效益。

（一）农业机械的检查

一是"三漏"检查，要求农业机械不存在漏油、漏水、漏气的情况。

二是机油、冷却液等保持在标准液面，且油、液不变质、不变色。

三是紧固件检查，紧固螺栓螺母无松动，关键紧固件达到锁紧要求。

四是运动部件检查，要求运动平稳、无噪声，带传动要求张紧度符合要求。

五是电气设备检查，要求仪表盘显示良好，电器运行正常。有蓄电池的农业机械，在存放中按时做好蓄电池的充放电保养，以免蓄电池损坏。

（二）农业机械的保管与存放

农业机械完成农艺作业后，首先应清洗干净，对工作部件和运动部件涂上黄油后存放入库，以免暴露在野外受风吹日晒，加速机械老化。有冷却水的机械应放尽水箱里的冷却水，安全越冬。有条件的家庭农场，应该建立存放机具、机器零件、油料的 3 个库房，将机具、机器零件、油料分类存放。千万不能将农机置放在露天，大型机具至少应停放在棚内。小型家庭农场无"三库"条件，但也要做到存放分类清楚，油料与机具隔离存放。做好一机一档，完善保养大修记录。

(三) 农业机械维修

家庭农场的工作人员大多数是偏重农业种养殖技术，而对于机械设备的机械常识相对缺乏，技术水平相对较低。在农业机械故障排除、设备维修等过程中，建议简单易懂的，自己动手；比较复杂、技术要求高的修理维护，还是以由专业农机维修人员或者是农机经营部门的售后服务去处理更为恰当。

第四节　加强家庭农场管理的策略

近年来，我国新农村建设持续深入，但农业空心化、老龄化现象日益突出，如何推动家庭农场健康发展成为当前社会需深入思考的问题。加强家庭农场管理，可从以下几方面入手。

一、强化地区产业培育规划

要想推动家庭农场健康发展，政府部门需积极采取措施促进产业优化升级，通过强化地区产业规划力度，打造突出当地资源特色的家庭农场品牌。同时，政府部门还需以特色为主导吸引更多的人才和融资渠道，使家庭农场与其他产业形成互相促进、协调发展的产业链，从而在技术、销售、经营、管理和获利等方面实现共赢。为满足这一需求，政府部门需要在地区产品规划过程中融入当地文化特色，丰富家庭农场内涵，并结合家庭农场发展规模和实际状况制定科学、可行的长远发展目标，通过创新经营模式，完成家庭农场产业升级，为推动家庭农场持续发展奠定良好基础。

二、制定标准的家庭农场准入制度

政府部门需要结合不同行业的家庭农场制定针对性准入制度，综合考虑家庭农场发展规模和经营主体，进一步规范登记准则和扶持政策。同时，需要对现有家庭农场进行摸底调查，全面掌握现有家庭农场的经营状况，针对属于家庭农场但同时注册公司、农业企业以及合作社的农户需及时纠正，重新将其注册为家庭农场，为精准扶贫及政策扶持提供有利依据。

三、强化政策扶持力度

目前，我国政府部门针对家庭农场经营发展出台了一系列扶持政策，但由于一些扶持政策对家庭农场规模、占地等方面要求较高，且申报流程较为严格，导致政策与家庭农场发展需求严重不符。针对这一问题，政府部门需要强化政策扶持力度，结合家庭农场发展现状和发展需求出台更多优惠和帮扶政策，以扩大家庭农场生产规模、优化生产环境、创新生产技术、强化经营管理为核心，对符合条件的家庭农场给予最大化支持，促进家庭农场向产业化、规模化及标准化方向发展。

四、大力发展示范型家庭农场

政府部门需要通过出台税收、财政、保险等扶持政策，培育一批规模化、标准化、专业化、产品化示范型家庭农场，并强化示范型农场的教育培训力度，使经营者能全面掌握先进的生产知识和生产技术，从而充分发挥领导、带头作用，带动地区家庭农场向特色化和规模化方向发展，从而全面提高农户的经济效益，为推动当地经济发展奠定良好基础。

五、构建社会化服务体系

家庭农场作为现代化农业生产方式为主的生产体系，对推动农业领域稳定发展具有重要作用，需要将其作为重点服务对象，通过强化农场人才培养力度提高家庭农场发展水平。目前，我国农业领域老龄化现象严重，需要重点培养懂技术、善经营、会管理的年轻经营者，为家庭农场稳定发展注入新鲜血液。与此同时，工商部门需要简化家庭农场注册流程，并建立农业信息资源共享平台。为强化家庭农场经营者资金实力，金融部门需要结合家庭农场发展需求建立信用抵押、农作物预期收益抵押等多种资金获取渠道，通过科学评定家庭农场经营者信用，全面掌握经营者经营实力，为其提供便利的贷款服务。另外，金融部门需要给予家庭农场一定的资金优惠，鼓励经营者购买农业保险，避免在经营发展中受各种因素影响制约家庭农场持续发展。

第四章 家庭农场的经营决策

第一节 生产经营决策的内容

生产经营决策就是指为达到预定的生产经营目标，生产经营者根据自身的条件和市场需求，在多种可行的生产经营方案中，选择最满意方案的分析判断过程。

家庭农场生产经营决策的内容很多，主要有以下几个方面。

一、目标市场决策

在确定自己生产什么产品时，首先应该考虑到的问题是：我的产品卖给谁？这就是目标市场决策。目标市场决策是在市场细分的基础上进行的。市场细分就是根据一定的标准把一个较大的由不同顾客群分成若干个子市场，再对子市场的顾客群进行需求及欲望的分析并归类。市场细分的标准有地理标准、人口标准、心理标准和行为标准等。粗略地说，可供选择的目标市场有四类：初级农产品购买者，这些人喜好购买未经加工的农产品；高附加值农产品购买者，这些人喜好购买经过深加工、有包装或精美包装的农产品；绿色产品购买者，这些人喜欢购买不施用或者很少施用化肥、农药的农产品；有保健、药疗效用的农产品，这些人喜欢购买有保健功能或有药疗效用的农产品。

二、生产经营对象决策

生产经营对象决策就是对生产什么产品、生产规模、生产结构的选择和确定。这直接关系家庭农场的生产经营能否占有市场、能否收回投资等。

三、技术决策

技术决策就是选择和确定采用什么方式、什么技术来生产经营，以提高家庭农场的生产经营效益。家庭农场的技术选择标准应本着"经济合理、技术先进、生产可行"的原则。经济合理是指该技术能增产增收而又节省成本；技术先进即该技术能带来技术进步且合理利用生产资源、维护生态平衡；生产可行是指在实际生产经营中便于应用并发挥作用。家庭农场采用的技术必须符合自然条件、经济条件和技术基础 3 方面的条件。

四、投资决策

选择正确的投资渠道是增加收入的重要手段。家庭农场的投资主要是经营性投资，即在生产经营上的投资，如购置种子、农药、化肥、固定资产，以及新技术的引进、投资入股合作经营等。

五、供应决策

供应决策指生产经营所需要的原材料的采购时间、数量、渠道等的选择。

六、销售决策

销售决策指家庭农场生产经营的商品的销售渠道、方式、范围、数量、时间、价格的确定，运输和储藏方式的选择等。

七、人力决策

人力决策指生产经营活动需要多少人，家庭人力不够用时是否需要找帮工或雇工，以及人工的合理报酬等的选择和确定。

第二节　生产经营决策的要求

对于家庭农场来说，生产经营决策时的要求有以下几个方面。

一、决策要有明确的目的

决策或是为了解决某个问题，或是为了实现一定的目标，没有问题就无须决策，没有目标就无从决策。因此，决策所要解决的问题必须是十分明确的，要达到的目标必须有一定的标准衡量比较。

二、决策要有若干可行的备选方案

如果只有一个方案，就无法比较其优劣，更没有可选择的余地。因此，"多方案抉择"是科学决策的重要原则。决策时，不仅要有若干个方案相互比较，而且决策所依据的各方案必须是可行的。

三、决策要对方案进行比较分析

每个可行方案都有其可取之处，也存在一定的弊端。因此，必须对每个方案进行综合分析与评价，确定各方案对目标的贡献程度和所带来的潜在问题，比较各方案的优劣，以便进行抉择。

四、决策要选择满意方案

决策理论认为，最优方案往往要求从诸多方面满足各种苛刻的条件，只要其中有一个条件稍有差异，最优目标便难以实现。所以，决策的结果应该是从诸多方案中选择一个比较合理的方案。

五、决策是一个分析判断的过程

决策有一定的程序和规则，同时它也受价值观念和决策者经验的影响。在分析判断时，参与决策的人员的价值准则、经验和知识会影响决策目标的确定、备选方案的提出、方案优劣的判断及满意方案的抉择。生产经营者要做出科学的决策，就必须不断提高自身素质，以提高自己的决策能力。

第三节　生产经营决策的程序与方法

一、生产经营决策的程序

生产经营决策是一个发现问题、分析问题、解决问题的过程。科学的生产经营决策程序包括以下 6 个基本步骤。

（一）发现问题

发现问题是决策工作的出发点，是生产经营者的重要职责。生产经营者应该根据既定的目的，积极地搜集和整理情报并发现差距，确认问题。

（二）确定目标

确立目标，就是在市场调查、市场预测、占有市场信息的基础上，确定在一定时间环境等条件下所要达到的生产经营数量、质量等指标。确立目标在决策中是非常重要的一步。目标错了，就可能引起整个决策的失误。目标的制定，要从实际出发，实事求是，留有余地。目标必须明确、具体。

（三）确定价值准则

确定价值准则是为落实目标，作为以后评价目标是否实现和选择方案的基本依据。

（四）拟订方案

拟订方案，就是拟制多种可选择的、有原则区别的决策方案，以资比较和鉴别。

（五）分析评估

分析评估，主要是运用数学方法，进行科学预测和可行性分析，科学地表达多种方案的利弊，揭示和描述事物的变化趋势，对其结果进行评估。评估时，要根据目标来考核各个方案的费用和功效，从而确立各种方案的有效性和可靠程度，为决策提供可靠的依据。这是决策过程中的基本步骤，是决策成功的重要保证，也是决策科学化程度的重要标志。

（六）方案选优

方案选优指生产经营者对各种方案进行比较鉴别，权衡利弊，选其优者或综合成一个好的方案，然后做出抉择的过程。

二、生产经营决策的方法

（一）确定型决策

确定型决策又叫程序化决策或常规决策，是在能够准确掌握未来情况的状态下进行的决策。确定型决策通常采用的决策方法有以下几种。

1. 直接比较法

对于简单的确定型决策问题，可以直接进行比较选择。

2. 顺序评分法

顺序评分的步骤是：第一步，正确选定评价的项目和指标，作经济效益的分析。一般选择产量、收入、消耗、用工等项目，然后选择每一项内容的主要指标参加评分。第二步，计算各方案各指标的指标值。第三步，给各方案打分，得出各个方案的得分，比较各个方案的优劣。

（二）不确定型决策

不确定型决策是指在只能预测可能出现的几种自然状况发生概率的情况下进行的决策。它的特征：一是存在着决策者无法控制的两种以上的客观自然状态；二是各个生产经营方案在不同的自然状态下的收益或损失可以计算出来。

不确定型决策一般是决策者在不能掌握全部信息，即不一定确切知道未来事件发生的可能性大小的情况下进行的选择，这种选择主要取决于决策者的主观态度和经验。决策者的主观态度可以分为乐观、悲观等可能性和最小后悔几种。对事件的未来发展持不同态度的决策者，可能对同一问题做出的选择有可能是截然不同的。

（三）风险型决策

风险型决策是指决策者虽然对未来确切的情况无法知道，但可以判断未来情况可能发生的概率。而这种概率的判断，虽然根据可靠的定量信息和决策者的经验、直觉和对情况的了解，但与实际发生的情况不可能完全一致。所以，或多或少总是要冒一定的风险，所以称为风险型决策。风险型决策通常采用决策树的方法进行决策。

第五章 家庭农场的产品营销

第一节 家庭农场的市场环境

家庭农场处在一定的环境中，其生产经营活动会受到外部环境的限制。环境是家庭农场赖以生存的基础，同时也是家庭农场制定营销策略的依据。菲利普·科特勒认为营销环境由微观营销环境和宏观营销环境构成。其中，微观环境由与企业联系紧密影响其服务目标顾客能力的单位组成。

一、家庭农场微观营销环境

（一）农户

农户是人类进入农业社会以来最基本的经济组织，现阶段我国农户的显著特征是规模小，经营分散。农户可以为家庭农场提供初级农产品，成为家庭农场的原材料供应商。农户向家庭农场提供初级农产品的及时性和稳定性，影响着家庭农场的生产经营。因此家庭农场应该认真处理好和农户的合作关系。

（二）企业

家庭农场内部的其他部门和其他活动会对企业的营销活动产生影响，营销部门必须与其他部门密切合作。

（三）营销中介

营销中介是指协助企业促销、销售和配销其产品给最终购买者的企业或个人，包括中间商、物流储运商、营销服务机构和财务中间机构。

（四）顾客

家庭农场应该针对目标市场顾客的特点，认真分析他们的需求，制定相应的营销策略，为顾客提供优质高效的农产品和服务。

（五）竞争者

竞争者一般是指那些与本企业提供的产品或服务相似，并且所服务的目标顾客也相似的其他企业。企业在市场上面临着四类竞争者：愿望竞争者、属类竞争者、产品形式竞争者、品牌竞争者。在市场竞争中，家庭农场需要分析竞争者的优势与劣势，做到知己知彼，才能有针对性地制定正确的市场竞争战略，以避其锋芒、攻其弱点、出其不意，利用竞争者的劣势来争取市场竞争的优势，从而实现企业营销目标。

（六）社会公众

社会公众是指对本组织实现其营销目标具有实际的或潜在的利益关系或影响的各种群体或个人，主要包括政府、媒介、金融公众、群众团体、企业内部公众等。家庭农场必须采取积极措施，在公众心目当中树立健康良好的企业形象。

二、家庭农场宏观营销环境

宏观营销环境由影响企业相关微观环境的大型社会因素构成，包括政治法律环境、经济环境、人口环境、生态环境、社会文化环境、科学技术环境等。

（一）政治法律环境

政治法律环境包括政治环境和法律环境，是影响家庭农场营销的重要宏观环境因素。政治环境引导着企业营销活动的方向，法律环境则是企业规定经营活动的行为准则。政治与法律相互联系，共同对企业的市场营销活动产生影响和发挥作用。

（二）经济环境

经济环境包括收入因素、消费支出、产业结构、经济增长率、货币供应量、银行利率、政府支出等因素，其中收入因素、消费结构对企业营销活动影响较大。

（三）人口环境

人口是市场的第一要素。人口数量直接决定市场规模和潜在容量，人口的性别、年龄、民族、婚姻状况、职业、居住分布等也对市场格局产生着深刻影响，影响着家庭农场的营销活动。

（四）社会文化环境

社会文化环境是指企业所处的社会结构、社会风俗和习惯、信仰和价值观念、行为规范、生活方式、文化传统、人口规模与地理分布等因素的形成和变动。社会文化是某一特定人类社会在其长期发展历史过程中形成的，它影响和制约着人们的消费观念、需求欲望及特点、购买行为和生活方式，对企业营销行为产生直接影响。

（五）科学技术环境

科学技术的进步以及新技术手段的应用对家庭农场的发展进步提供了强有力的支持。科学技术的变化对家庭农场的组织机构、管理思想、合作方式、生产技术、营销方式等都产生了直接的影响，随着技术革命的速率的加快，这种影响将越来越突出。家庭农场要提高活动的效率，保持自身的竞争力，就必须关注技术环境的变化，及时采取应对措施。

第二节　农产品市场营销

农产品市场营销指的是，生产或经营农产品的个人或组织，以市场需求为导向，通过综合运用产品、价格、促销、渠道等营销策略，在实现农产品交换的同时，实现个人或组织利润目标的经营管理活动。

一、农产品定价策略

（一）价格折扣

价格折扣是商品营销中经常采用的一种定价策略，所谓价格折扣就是商品的生产者或者销售者为了鼓励消费者及早付清货款、大量购买、淡季购买，而对商品进行适当的打折销售。一般来说，价格折扣主要包括现金折扣、数量折扣、功能折扣、季节折扣等。

1. 现金折扣

现金折扣又叫销售折扣，这种价格优惠的目的是敦促消费者尽早付清货款。一般来说，现金折扣的主要优点在于缩短收款时间保证，顺畅企业资金流动，减少坏账损失；其主要缺点是会在一定程度上减少企业的现金流规模。

2. 数量折扣

数量折扣也叫批量定价，是生产经营者给予大量购买农产品的消费者的一种减价优惠。销售数量越多，企业的利润越多，因此如果消费者购买的产品数量越多，企业能够给予的折扣也越大，其目的是进一步刺激消费者的消费欲望，增加销售量。数量折扣的精髓在于通过单位产品价格的下调，刺激消费者的购买欲望，虽然单位产品利润减少，但是销量的增加、资金周转速度的加快，使生产经营者可以进一步取得规模效益，有利于盈利。

3. 功能折扣

功能折扣也称为贸易折扣，主要是指农产品的生产商、加工商对提供给批发商、零售商的产品按零售价格给予一定折扣的策略。在农产品的分销渠道中，中间商的分销类型以及分销渠道都有所不同，因此上游企业给予其商品的折扣也是不一样的。例如，某市大桃出产地普通农贸市场大桃每斤（1 斤 = 500 克）零售价为 1 元，而它给批发市场的价格只有 0.6 元。

4. 季节折扣

大多数的农产品具有十分明显的季节，特别是西瓜、桃子等时令水果，在其集中上市的季节，由于供应量的暴增往往会造成激烈的价格竞争。这时，农产品生产经营者会适度降低价格，以促销产品维持生产经营。

（二）促销定价

在商品的销售中，尤其是零售端，对价格的变化十分敏感和直接。许多零售商为了增加销售量，会运用价格优惠策略通过适当的降价来吸引消费者，因此我们在假期经常会见到"买一送一""优惠大酬宾"等促销活动。消费者对于价格更是敏感，有很多顾客一进超市就首先关注超市的打折信息。

（三）地域定价

由于农产品的种植和生产与农产品所在地区的气候、地理环境等自然因素具有较为密切的关系，因此企业可以根据不同地域的农产品经营和生产状况采取地域定价法。一般情况下，本地产量较大的农产品销售价格比较低，异地农产品的价格比较高，这是因为异地农产品要经过仓储、运输、保险、保鲜等诸多环节才能到达零售端。另外，农产品本身的稀缺性使其价格自然要相对高一些。

二、家庭农场市场营销组合策略

产品组合是指企业生产经营的全部产品的结构，由产品线和产品项目构成。产品线又称产品大类，是产品类别中具有密切关系的一组产品。产品项目是指某一品牌或产品大类内由尺码、价格、外观及其他属性来区别的具体产品。例如，某家庭农场生产食用油、面粉、方便面等，这就是产品线。食用油中的豆油、色拉油、花生油就是产品项目。

企业的产品组合有一定的宽度、长度、深度和关联度。

宽度指企业的产品线总数。产品组合的宽度说明了企业的经营范围大小。增加产品组合的宽度，可以充分发挥企业的特长，使企业的资源得到充分利用，降低风险，提高经营效益。

长度指一个企业的产品项目总数。通常，每一产品线中包括多个产品项目，企业各产品线的产品项目总数就是企业产品组合长度。

深度指产品线中每一产品有多少品种。产品组合的长度和深度反映了企业满足各个不同细分市场的程度。增加产品项目，增加产品的规格、型号、式样、花色，可以迎合不同细分市场消费者的不同需要和爱好，招徕、吸引更多顾客。

关联性指一个企业的各产品线在最终用途、生产条件、分销渠道等方面的相关程度。较高的产品关联性能带来企业的规模效益和企业的范围效益，提高企业在某一地区、行业的声誉。

三、家庭农场的营销渠道策略

农产品营销渠道是指农产品从生产领域向消费者转移过程中，由具有交易职能的商业中间人连接的通道。在多数情况下，这种转移活动需要经过包括各种批发商、零售商、商业服务机构（如交易所、经纪人）在内的中间环节。

在确定销售渠道类型之后，还要考虑生产者、经营者（如批发商、零售商）如何有效结合，以取得更好的销售效果。

（一）普遍性销售渠道策略

即企业通过批发商把产品广泛、普遍地分销到各地零售商企业，以便及时满足各地区消费者需要。由于大多数农产品及其加工品是人们日常的生活必需品，具有同质性特点，因此绝大多数家庭农场普遍采取这种策略。采取这种策略，有利于广泛占领市场，便利消费者购买。

（二）选择性销售渠道策略

就是指在一定地区或市场内，家庭农场有选择地确定几家信誉较好、推销能力较强、经营范围和自己对口的批发商销售自己的产品，而不是把所有愿意经营这种产品的中间商都纳入自己的销售渠道中来。这种策略虽然也适用于一般加工品，但更适用于一些名牌产品的销售。这样做，有利于调动中间商的积极性，同时能使生产者集中力量与之建立较密切的业务关系。

（三）专营性销售渠道策略

指在特定的市场内，家庭农场只使用一个声誉好的批发商或零售商推销自己的产品。这种策略多适用于高档的加工品或试销新产品。由于只给一个中间商经营特权，所以既能避免中间商之间的相互竞争，又能使之专心一致，推销自己的产品。缺点是只靠一家批发商销售产品，销售面和销售量都可能受到限制。

第三节　家庭农场拥抱"电子商务"

一、家庭农场发展电子商务的良好环境与空间优势

家庭农场以家庭成员为主要劳动力，以家庭为基本经营单元，从事农业规模化、标准化、集约化生产经营，是现代农业的主要经营方式，在保障重要农产品有效供给、提高农业综合效益、促进现代农业发展、推进乡村振兴战略等方面发挥着重

要作用。与传统农户相比，家庭农场具备专业务农、集约生产、规模适度等特征，能够具有较高的土地产出率、资源利用率和劳动生产率，能够实现资源要素的最优配置，有利于实行统一的生产资料供应、技术服务、质量标准和营销运作，有利于对农业投入品进行监管、推进农业标准化和品牌化建设，具备利用电子商务开展经营活动的基本条件。

二、家庭农场发展电子商务的策略

随着更多规模适度、生产集约、管理先进、效益明显的家庭农场的培育完善，生产经营能力的提升和经济实力的增强，家庭农场电子商务发展必将步入大发展的阶段。发展家庭农场电子商务首先要借助发展国家"互联网+"家庭农场政策的落地，围绕乡村振兴战略提出的产业兴旺、生态宜居、乡风文明、治理有效、生活富裕总目标进行，尤其是要围绕产业振兴目标，发展特色产业和优势产品。其次要抓住国内农村地区消费升级为农村电商下一步发展提供的新的空间，抓住国家扩大对农业有效投资（其中包括数字农业发展、冷链物流等）、"一带一路"倡议深入实施为农村电商提供的国际化发展大空间等机遇，大力发展农村电子商务，为农产品走出去，甚至为农村老百姓进口商品提供新的支撑技术。当前，需要做好以下工作。

（一）挖掘资源优势，培育农产品电商品牌

为适应消费者对品牌商品的品质和服务越来越高的要求，地方政府要统筹制定各区域特色农产品产业发展规划，打造具有区域性特色的农产品品牌，提升农产品市场竞争力。将"一县一品""一乡一品""一村一品"或"多村一品"的品牌建设落到实处，确定区域性特色产业和主导产品，整合资源，加大产品开发力度，开展品牌策划、工艺提升、包装设计、营销推广等品牌建设工作，给商品贴上"QS/SC"（QS：食品质量安全市场准入标志）标识，提高产品附加值，延长

产品的销售周期，从而突破农产品的季节性和周期性的限制，提高市场占有率。同时，通过深入挖掘区域资源优势，培养具有区域特色的家庭农场电商品牌。

（二）大力开展培训活动，提升农场主电子商务运营能力

地方政府部门要根据国家和省级农业农村部门的培训规划，制定电子商务人才培训工作计划，整合工信、人社、教育、扶贫、妇联、团委等有关部门的现有资源，引入专业机构和师资力量，制定培训计划和课程内容，使家庭农场经营者至少每3年轮训1次，特别是加大农场主电子商务运营技能的培训力度，提升家庭农场经营者互联网应用水平。

（三）加大资金支持力度，创新电商经营模式

一方面积极落实财政税收政策，充分发挥中央财政支持家庭农场资金的作用，帮助家庭农场提升技术应用和生产经营能力。鼓励有条件的地方政府通过现有渠道安排资金，采取以奖代补等方式，扶持并扩大家庭农场受益面，支持家庭农场开展绿色食品、有机食品、地理标志农产品认证和品牌建设，支持家庭农场生产经营活动按照规定享受相应的农业和小微企业减免税收政策，推动电子商务平台通过降低入驻和促销费用等方式，支持家庭农场发展农村电子商务。同时加强金融保险服务，地方政府通过引导、市场化运作的方式，引进有实力、有意愿的银行或其他融资主体，参照惠农通政策，在风险可控的情况下，创新担保方式，积极支持家庭农场开展电子商务活动，在利息上参照小额担保的方式进行贷款贴息扶持。另一方面创新经营模式，在做到产品品质第一的前提下，紧紧抓住"新零售"、社区商业等新发展趋势，实行线上线下相结合的销售模式。

（四）发挥地方政府的组织优势，整合区域社会资源

充分发挥利用地方政府的组织优势，具体做好以下工作。

一是建设电子商务公共冷链仓库，整合区域物流快递资源，为家庭农场电商产品提供仓储、检测、分拣、包装、分拨、配送、转运等服务。

二是完善农村物流运输体系，建设乡镇物流中转站、村级服务站点，整合配送车辆开辟或延伸物流运输线路，切实提升区域"网商"全产业链服务能力。

三是通过建立电子商务协会、网商协会，提升现有协会的服务能力和水平，鼓励引导和组织更多家庭农场加入协会，并创新协会成员利益连接机制，采取"抱团发展"模式。

四是鼓励市场主体开发合适的农产品，提供专业化、精准化的信息服务，鼓励发展互联网云农，帮助农民安排产划、优化配置生产要素。当前，农村电商升级正面临以下五大新机遇：①数字经济成为农村电商发展的新引擎；②乡村振兴战略为农村电商提供广阔发展空间；③电商新模式、新业态不断涌现，为农产品上行提供新通道；④农民对电商需求提升；⑤"一带一路"倡议的实施为农产品跨境电商带来新机遇。未来，农村电商的发展将继续释放农村生产要素，推动农民增收，创造乡村就业机会，促进人才回流，以数字农业发展模式助力农村地区产业结构转型升级，助力乡村振兴。家庭农场电子商务也势必迎来新的发展和飞跃，实现电商兴农、乡村振兴和农业现代化。

第四节　家庭农场品牌培育路径

一、建立质量标准体系

质量就是竞争力，产品的质量关系品牌能否获得市场的认可。当食品安全成为全球热门话题时，农产品的品质以及是否绿色安全顺势成为消费者关注的焦点。家庭农场在质量标准体系的建设中应当借鉴相关行业的标准，根据家庭农场的品牌定位和质量要求，并结合农场实际情况，制定一套涵盖果蔬、米面粮油、肉禽蛋等区域品牌农产品的质量标准体系。在建立质量标准体系的基础上，对生产出来的农产品进行全面的质量检测，确保每个产品都符合标准要求，达到出售的标准，对检测结果进行记录和分析，为后续的生产提供参考。

二、坚持绿色生产，打造绿色品牌

我国绿色农产品品牌培育周期较长，绿色农产品品牌数量在市场的实际占有率较少，这也是当前农产品品牌培育的难点问题之一。家庭农场在生产上应加强农业生产绿色化管理，严格按照国家有关规定和标准，采用无公害农产品生产技术，避免使用农药等对环境和人体健康有害的物质，保障产品品质和安全。农场管理者一方面要持续跟进优质种植技术，加强农作物管理，及时采取科学合理的措施，对病虫害进行有效防治，保障农产品的产量和质量，同时还应持续关注天气变化和气象预报，合理安排农业生产工作，确保适时种植和收获，保证农产品的品质和数量。另一方面要加强与当地政府和各部门的沟通和合作，共同推进农业绿色发展，提高农业生产的效益和可持续发展水平。

三、发挥政府引导作用，强化品牌意识

农产品较高的同质性和较强的可选择性促成了农产品激烈的价格竞争，家庭农场想要规避价格竞争、为农产品创造更多的溢价空间，就要根据农产品独特的人文环境和地理特性建立农产品品牌，这就要求家庭农场必须从思想上增强品牌意识。政府各部门应充分发挥其引导作用，为农场经营者解读国家对家庭农场品牌建设提供的政策支持，通过开展系统课程培训，提升其对于农场品牌建设、维护的专业知识水平，强化其在家

庭农场经营中对品牌的建设和保护意识。

四、优化物流配送服务体系

农产品从田间地头到厨房餐桌，完善的物流体系起到了至关重要的作用。家庭农场应积极与超市、社区、餐厅对接，建立稳定完善的销售网络，集中力量发展专业化的第三方农产品物流。此外，对于较远的配送区域发展冷链物流等运输技术，降低农产品在运输流通中的损耗，保证农产品的安全与品质，在节省成本的同时提高运输效率。

五、强化营销，人才兴农

由于缺乏专业的营销团队和营销手段，家庭农场很难将自己推销出去以进行品牌建设，必须借助政策支持对已有营销模式和手段进行强化。一方面，家庭农场要在日常的运营管理中培养和确立人才资本的观念，积极引进和培养具有专业知识的人才，全面提升家庭农场在生产、管理和营销方面的能力。另一方面，为确保农业产业化发展创新有足够的技术人才支持，家庭农场要加大与高校等农业产业化发展方面的科技人才培养单位的合作，通过定向培养等方式获取稳定、持续的科技人才输入渠道，以确保科技人才引入的顺畅有效。

六、发展战略联盟

由于农产品区域品牌具有地域独特性，因此要形成广泛、持续的品牌效应，就要加强广泛合作。家庭农场应紧跟政策的引导对农场的经营和管理思维进行改革，制定科学的经营管理体系，形成良好的产业文化，同时积极联合周边家庭农场，建立起品牌准入制度，对所有加入品牌建设的家庭农场的农产品均须按统一的标准生产，明确准入范围和条件，不断壮大品牌建设队伍。

第六章　家庭农场的财务管理

财务管理是现代家庭农场管理的重要组成部分。在市场竞争日趋激烈的今天，财务管理的重要性越来越突出，成为家庭农场生存和发展的关键环节，也是提高经济效益的重要途径。

第一节　财务管理的目标及内容

一、财务管理的目标

家庭农场财务管理的目标可分为整体目标、分部目标和具体目标。整体目标是指整个家庭农场财务管理所要达到的目标，整体目标决定着分部目标和具体目标，决定着整个财务管理过程的发展方向。家庭农场财务管理的整体目标在不同的经济模式和组织制度条件下有着不同的表现形式，主要有4种模式。

（一）以总产值最大化为目标

产值最大化，是符合计划经济体制的一种财务管理目标。家庭农场财务活动的目标是保证总产值最大化对资金的需要。追求总产值最大化，往往会导致只讲产值，不讲效益；只讲数量，不讲质量；只抓生产，不抓销售等严重后果，这种目标已经不符合市场经济的要求。

（二）以利润最大化为目标

利润代表了家庭农场新创造的财富，利润越多，家庭农场财富增长越快。在市场经济条件下，家庭农场往往把追求利润最大化作为目标，因此，利润最大化自然也就成为家庭农场财务管理要实现的目标。以利润最大化为目标，可以直接反映家庭农场所创造的剩余产品多少，可以帮助家庭农场加强经济核算、努力增收节支，以提高家庭农场的经济效益，可以体现家庭农场补充资本、扩大经营规模的能力。但是，利润最大化目标没有考虑利润实现的时间以及伴随高报酬的高风险，没有考虑所获利润与投入资本额之间的关系，可能导致家庭农场财务决策带有短期行为倾向。因此，利润最大化也不是家庭农场财务管理的最优目标。

（三）以股东财富最大化为目标

在股份制经济条件下，股东创办家庭农场的目的是增长财富。股东是家庭农场的所有者，是家庭农场资本的提供者，其投资的价值在于家庭农场能给他们带来多少报酬。股东财富最大化是指通过财务上的合理经营，为股东带来更多的财富。股东财富由其所拥有的股票数量和股票市场价格两方面决定，在股票数量一定的前提下，当股票价格达到最高时，则股东财富也达到最大化。

股东财富最大化的目标概念比较清晰，因为股东财富最大化可以用股票市价来计量；考虑了资金的时间价值；科学地考虑了风险因素，因为风险的高低会对股票价格产生重要影响；股东财富最大化一定程度上能够克服家庭农场在追求利润上的短期行为，因为不仅目前的利润会影响股票价格，预期未来的利润对家庭农场股票价格也会产生重要影响；股东财富最大化目标比较容易量化，便于考核和奖惩。追求股东财富最大化也存在一些缺点：它只适用于上市公司，对非上市公司很难适用。股东财富最大化要求金融市场是有效的；股票价格并不能准确反映家庭农场的经营业绩。

（四）以家庭农场价值最大化为目标

家庭农场的存在和发展，除了股东投入的资源外，和家庭农场的债权人、职工，甚至社会公众等都有着密切的关系，因此，单纯强调家庭农场所有者的利益而忽视利益相关的其他集团的利益是不合适的。家庭农场价值最大化是指通过家庭农场财务上的合理经营，采用最优的财务政策，充分考虑资金的时间价值和风险报酬的关系，在保证家庭农场长期稳定发展的基础上，使家庭农场总价值达到最大化。

家庭农场财务管理的分部目标可以概括为家庭农场筹资管理的目标、家庭农场投资管理的目标、家庭农场营运资金管理的目标、家庭农场利润管理的目标。

二、财务管理的内容

家庭农场财务管理就是管理家庭农场的财务活动和财务关系。财务活动是指资本的筹资、投资、资本营运和资本分配等一系列行为，具体包括筹资活动、投资活动、资本营运活动和分配活动。

（一）筹资活动

筹资活动，又称融资活动，是指家庭农场为了满足投资和资本营运的需要筹措和集中所需资本的行为。筹资活动是家庭农场资本运动的起点，也是投资活动的前提。家庭农场筹资可采用两种形式：一是权益融资，包括吸收直接投资、发行股票、内部留存收益等。二是负债融资，包括向银行借款、发行债券、应付款项等。

家庭农场筹资时，应合理确定资本需要量，控制资本的投放时间；正确选择筹资渠道和筹资方式，努力降低资本成本；分析筹资对家庭农场控制权的影响，保持家庭农场生产经营的独立性；合理安排资本结构，适度运用负债经营。

（二）投资活动

投资活动是指家庭农场预先投入一定数额的资本，以获得预期经济收益的行为。家庭农场筹集到资本后，为了谋取最大的盈利，必须将资本有目的的进行投资。投资按照投资对象可分为项目投资和金融投资。项目投资是家庭农场通过购置固定资产、无形资产和递延资产等，直接投资于家庭农场本身生产经营活动的一种投资行为。项目投资可以改善现有的生产经营条件，扩大生产能力，获得更多的经营利润。进行项目投资决策时，要在投资项目技术性论证的基础上，建立科学化的投资决策程序，运用各种投资分析评价方法，测算投资项目的财务效益，进行投资项目的财务可行性分析，为投资决策提供科学依据。金融投资是家庭农场通过购买股票、基金、债券等金融资产，间接投资于其他家庭农场的一种投资行为。金融投资通过持有权益性或者债权性证券来控制其他家庭农场的生产经营活动，或者获得长期的高额收益。金融投资决策的关键是在金融资产的流动性、收益性和风险性之间找到一个合理的均衡点。

家庭农场投资时，应研究投资环境，讲求投资的综合效益。一是预测家庭农场的投资规模，使之符合家庭农场需求和偿债能力；二是确定合理的投资结构，分散资本投向，提高资产流动性；三是分析家庭农场的投资环境，正确选择投资机会和投资对象；四是研究家庭农场的投资风险，将风险控制在一定限度内；五是评价投资方案的收益和风险，进行不同的投资组合等。

（三）资本营运活动

家庭农场在日常生产经营过程中，从事采购、生产和销售等经营活动，就要支付货款、工资及其他营业费用；产品或商品售出后，可取得收入，收回资本；若现有资本不能满足家庭农场经营的需要，还要采取短期借款方式来筹集所需资本。家庭农场这些因生产经营而引起的财务活动就构成了家庭农场的资本营运活动。资本营运管理是家庭农场财务管理中最经常的内容。

资本营运管理的核心，一是合理安排流动资产和流动负债的比例，确保家庭农场具有较强的短期偿债能力；二是加强流动资产管理，提高流动资产周转效率；三是优化流动资产和流动负债内部结构，确保资本营运的有效运用等。

(四) 分配活动

家庭农场通过生产经营和对外投资等都会获取利润，应按照规定的程序进行分配，分配具有层次性。家庭农场通过投资取得的收入首先要用以弥补生产经营耗费，缴纳流转税，其余部分为家庭农场的营业利润；营业利润与投资净收益、营业外收支净额等构成家庭农场的利润总额。利润总额首先要按照国家规定缴纳所得税，税后净利润要提取公积金和公益金，分别用于扩大积累、弥补亏损和改善职工集体福利设施，其余利润作为投资者的收益分配给投资者，或者暂时留存家庭农场，或者作为投资者的追加投资。

第二节 家庭农场的融资管理

一、家庭农场融资的优势

兴办一个家庭农场，由于经营规模较大，无论是大面积的农业生产所需要的种子、化肥、农药，还是灌溉、收割、运输、仓储，抑或是所需要雇用的农业劳动力，都需要大量的资金。农业生产的周期较长且受市场价值规律的制约，有时农产品会供过于求，农产品价格过低导致农民亏本，无法再进行下一年的农产品投资，在自有资金无法满足生产经营需要的情况下，都需要解决融资问题。解决融资问题，使资金在农场主的经营活动中获得良好的周转和循环，是目前家庭农场的首要任务。

农场主个人作为融资主体相较于其他农业经营生产方式的融资主体有其特有的优势。首先，农场的经济效益与农场主密切相关，农场发展的好坏直接关系农场主的利益。这种形式的融资主体积极性更强，对于融资的欲望更强。其次，家庭农场如同家族企业，具有传承性和延续性。经营良好的家庭农场传给下一代，会极大地减轻他们的融资压力。最后，家庭农场有国家政策和相关机构的融资支持。

二、家庭农场融资方式

（一）农场主加强与政府、金融机构三方协作

积极争取政府给予那些向农场主提供贷款的金融机构政策性补助，争取农村信用社对家庭农场的信贷支持；争取民间资本积极参与到家庭农场建设，加大对农场的基础设施投入。积极了解金融机构的贷款限制，争取银行、信用社放宽对农场主的贷款限制，降低贷款利率，实行差异性贷款模式，对不同经营规模的农场主给予不同程度的贷款限额。也有一些地区，以"优惠贷款""专项资金""贴息贷款"的方式支持家庭农场发展，家庭农场主要通过各种信息渠道，力争获取这些政策性的资金扶持项目，减轻农场的融资压力。

（二）联保贷款

农场主之间可以互相合作，实行联保贷款；农场主之间加强交流，家庭农场经营好的农场主可以为正遇到融资困境的农场主提供实践性经验。

第三节　家庭农场的资金管理

资金是市场经济条件下家庭农场生产和流通过程中所占用的物质资料和劳动力价值形式的货币表现，资金是家庭农场获取各种生产资料，保证家庭农场持续发展不可缺少的要素。

一、家庭农场经营资金构成

家庭农场资金是指用于家庭农场生产经营活动和其他投资

活动的资产的货币表现。家庭农场经营资金，可以分为以下几类。

（1）按资金取得的来源，分为自有资金和借入资金。所谓自有资金，是指家庭农场为进行生产经营活动所经常持有，可以自行支配使用并无须偿还的那部分资金，与借入资金对称。

（2）按照资金存在的形态，可分为货币形态资金和实物形态资金。

（3）按照资金在再生产过程中所处阶段，可分为生产领域资金和流通领域资金。生产领域资金包括生产用的建筑设施、生产设备、生产工具、交通运输工具、原材料、燃料与辅助材料储备、在制品、半成品等资金。决定生产资金占用多少的主要因素有生产过程的长短、生产费用的多少、投资是否合理。

（4）按照资金的价值转移方式，可分为固定资金和流动资金。

二、家庭农场流动资金管理

流动资金是指在家庭农场生产经营过程中，垫支在劳动对象上的资金和用于支付劳动报酬及其他费用的资金。家庭农场流动资金由储备资金、生产资金、成品资金和货币资金组成。具体来说，现金、存货（材料、在制品、成品）、应收账款、有价证券、预付款等都是流动资金。

（一）流动资金的特点

1. 流动资金占用形态具有流动性

随着家庭农场生产经营活动不断进行，流动资金占用形态也在不断变化。家庭农场流动资金一般从货币形态开始，集资经过购买、生产、销售3个阶段，相应地表现为货币资金、储备资金、生产资金和商品资金等形态，不断循环流动。

2. 流动资金占用数量具有波动性

产品供求关系变化、生产消费季节性变化、经济环境变化都会对家庭农场的流动资金产生影响，因而家庭农场流动资金在各个时期的占用量不是固定不变的，有高有低，呈现出波动性。

3. 流动资金循环具有增值性

流动资金在循环周转中，可以得到自身耗费的补偿，每一次周转可以产生营业收入并且创造利润。在利润率一定的条件下，资金周转越快，增值就越多。

(二) 流动资金的日常管理

1. 货币资金管理

货币资金是家庭农场流动资金中流动性最强的资金，包括现金、银行存款和其他货币资金。

(1) 现金管理。现金是指家庭农场所拥有的硬币、纸币，即由家庭农场出纳员保管作为零星业务开支用的库存现款。家庭农场持有现金出于 3 种需求，即交易性需求、预防性需求和投机性需求。

交易性需求是家庭农场为了维持日常周转及正常商业活动所需持有的现金额。家庭农场每日都在发生许多支出和收入，多数情况下，这些支出和收入在数额上不相等或者时间上不匹配，因此家庭农场需要持有一定现金来调节，以使生产经营活动能持续进行。

预防性需求是指家庭农场需要维持充足现金，以应付突发事件。这种突发事件可能是政治环境变化，也可能是家庭农场的某大客户违约导致家庭农场突发性偿付等。尽管财务主管试图利用各种手段来较准确地估算家庭农场需要的现金数，但这些突发事件会使原本很好的财务计划失去效果。因此，家庭农场为了应付突发事件，有必要准备比日常正常运转所需金额更多的现金。为应付意料不到的现金需要，家庭农场掌握的现金额取决于家庭农场愿冒缺少现金风险的程度；家庭农场预测现金收支可靠的程度；家庭农场临时融资的能力等。

投机性需求是指家庭农场为了在未来某一适当的时机进行投机活动而持有的现金。这种机会大都是一闪即逝，如证券价格突然下跌，家庭农场若没有用于投机的现金，就会错过这一机会。

如果家庭农场持有的现金过多，因现金资产的收益性较低，会增加家庭农场财务风险，降低收益；如果家庭农场持有的现金过少，可能会因为缺乏必要的现金不能应付业务开支需要而影响家庭农场的支付能力和信誉形象，使家庭农场遭受信用损失。

家庭农场现金管理的目的在于既要保证家庭农场生产经营所需要现金的供应，还要尽量避免现金闲置，并合理地从暂时闲置的现金中获得更多的收益。

家庭农场要遵守国家现金管理有关规定，做好库存现金的盘点工作，建立和实施现金的内部控制制度，控制现金回收和支付，多方面做好现金的日常管理工作。

（2）银行存款管理。银行存款就是家庭农场存放在银行或其他金融机构的货币资金。家庭农场银行存款管理的目标是通过加速货款回收，严格控制支出，力求货币资金的流入与流出同步，来保持银行存款的合理水平，使家庭农场既能将多余货币资金投入有较高回报的其他投资方向，又能在家庭农场急需资金时，获得足够的现金。

（3）其他货币资金管理。主要包括银行汇票存款、银行本票汇款、信用卡存款、信用证保证金存款、存出投资款和外埠存款等。

2. 债权资产

债权资产是指债权人将在未来时期向债务人收取的款项，主要包括应收账款和应收票据。

3. 存货管理

存货是指家庭农场在正常生产经营过程中持有的、为了销售的产成品或商品，或为了出售仍然处于生产过程中的产品，或在生产过程、劳务过程中消耗的材料、物料等。家庭农场存货除上述项目外，还包括收获的农产品、幼畜、生长中的庄稼等。

家庭农场滞留存货的原因：一方面是为了保证生产或销售的经营需要；另一方面是出自价格的考虑，零购物资的价格往往较高，而整批购买在价格上有优惠。但是，过多存货要占用较多资金，并且会增加包括仓储费、保险费、维护费、管理人员工资在内的各项开支。因此，进行存货管理目标就是尽力在各种成本与存货效益之间做出权衡，达到两者的最佳结合。

家庭农场提高存货管理水平的途径主要有严格执行财务制度规定，使账、物、卡相符；采用 ABC 控制法，降低存货库存量，加速资金周转；加强存货采购管理，合理运作采购资金，控制采购成本；充分利用 ERP 等先进的管理模式，实现存货资金信息化管理。

三、家庭农场固定资产管理

(一) 家庭农场固定资产管理的基本要求

固定资产具有价值高、使用周期长、使用地点分散、管理难度大等特点，为了保证生产对固定资产数量和质量的需要，同时还要提高固定资产的利用效率：第一，家庭农场要正确核定固定资产的需用量；第二，要保证固定资产的完整无缺；第三，要不断提高固定资产的利用效率；第四，要正确计算和提取固定资产折旧；第五，要加强固定资产投资预测和决策。

(二) 家庭农场固定资产折旧

固定资产折旧是以货币形式表示的固定资产因损耗而转移到产品中去的那部分价值。计入产品成本的那部分固定资产的损耗价值，称为折旧费。

固定资产的价值损耗分为有形损耗和无形损耗。固定资产的有形损耗是指固定资产由于使用和自然力的作用而发生的物质损耗，前者称固定资产的机械磨损，后者称固定资产的自然磨损。固定资产无形损耗是指固定资产在社会劳动生产率提高和科学技术进步的条件下而引起的固定资产的价值贬值。

固定资产折旧方法如下。

1. 平均折旧法

平均折旧法是根据固定资产的应计折旧额（原值-预计净残值），按照固定资产的预计折旧年限、预计使用时间和预计总产量等平均计算固定资产的转移价值的方法，包括使用年限法、工作时数法、产量法。

2. 加速折旧法

加速折旧法是加速和提前提取折旧的方法。固定资产投入使用的最初几年多提折旧，后期少提折旧，各期的折旧额是一个递减的数列，包括双倍余额递减法、年数总和法。之所以采用加速折旧法，是因为固定资产在全新时有较强的产出能力，可提供较多的营业收入和盈利，理应多提折旧；固定资产在投入使用的最初几年将固定资产的大部分（一般为50%～60%）收回，可减少无形损耗，有利于家庭农场采用先进技术；按照国际惯例，折旧费可计入生产成本，具有抵减所得税的作用，有利于保持各期的折旧费与修理费总和基本平衡。

四、家庭农场无形资产管理

（一）无形资产的特点

无形资产是指不具有实物形态而主要以知识形态存在的重要经济资源，它是为其所有者或合法使用者提供某种权利或优势的经济资源。无形资产具有如下主要特征：一是非独立性。

无形资产是依附于有形资产而存在的，相对而言缺乏独立性，它体现一种权力或取得经济效益的能力。二是转化性。无形资产虽然是看不见、摸不着的非物质资产，但它同有形资产相结合，就可以相互转化并产生巨大的经济效益。三是增值性。无形资产能给家庭农场带来强大的增值功能，而且本身并无损耗。四是交易性。无形资产有其价值性而且具有交易性。五是潜在性。无形资产是在生产经营中靠自身日积月累、不断努力，经过长期提高逐渐培育出来的，如经验、技巧、人才、家庭农场精神、职工素质、家庭农场信誉等都潜在地存在于家庭农场中。

（二）加强对无形资产的保护

由于无形资产本身的隐蔽性、非独立性等特点，很容易让人忽视无形资产的存在，也很难让人相信这些看不见、摸不着的东西能作为家庭农场的资本。面对这种状况，首先，家庭农场要树立现代资本观念，要意识到不但家庭农场商标、专利权、专有技术等是家庭农场有价值的无形资产，还要意识到一个家庭农场长期以来形成的内部协调关系、与债权债务人的合作关系、稳定的营销渠道、家庭农场所处的地理位置、税收的优惠政策等都是家庭农场有价值的无形资产。其次，要增强无形资产是家庭农场重要的经营资源的观念。世界正步入知识经济时代，以知识与技术含量为特征的无形资产在家庭农场生产经营和资本运营中将起着越来越重要的作用。

第四节　家庭农场的成本与利润管理

一、家庭农场成本费用管理

成本是商品价值的组成部分。人们要进行生产经营活动或达到一定的目的，就必须耗费一定的资源（人力、物力和财力），其所费资源的货币表现及其对象化称为成本。

（一）成本与费用的构成

1. 产品成本项目构成

（1）直接材料，是指生产商品产品和提供劳务过程中所消耗的，直接用于产品生产，构成产品实体的原料及主要材料、外购半成品与有助于产品形成的辅助材料和其他直接材料。

（2）直接工资，是指在生产产品和提供劳务过程中，直接参加产品生产的工人工资、奖金、补贴。

（3）其他直接支出。包括直接从事产品生产人员的职工福利费等。

（4）制造费用，是指应由产品制造成本负担的，不能直接计入各产品成本的有关费用，主要指各生产车间管理人员的工资、奖金、津贴、补贴，职工福利费，生产车间房屋建筑物、机器设备等的折旧费，租赁费（不包括融资租赁费），修理费、机物料消耗、低值易耗品摊销，取暖费（降温费），水电费，办公费，差旅费，运输费，保险费，设计制图费，试验检验费，劳动保护费，修理费等。

2. 期间费用项目

期间费用是指家庭农场本期发生的、不能直接或间接归入营业成本，而是直接计入当期损益的各项费用，包括销售费用、管理费用和财务费用等。

（二）家庭农场成本费用管理

加强成本费用管理，降低生产经营耗费，有利于促使家庭农场改善生产经营管理，提高经济效益，是扩大生产经营的重要条件。

1. 成本费用管理原则

（1）正确区分各种支出的性质，严格遵守成本费用开支范围。

（2）正确处理生产经营消耗同生产成果的关系，实现高产、优质、低成本的最佳组合。

（3）正确处理生产消耗同生产技术的关系，把降低成本同开展技术革新结合起来。

2. 家庭农场降低成本费用的途径与措施

（1）节约材料消耗，降低直接材料费用。

（2）提高劳动生产率，降低直接人工费用。

（3）推行定额管理，降低制造费用。

（4）加强预算控制，降低期间费用。

（5）实行全面成本管理，全面降低成本费用水平。

二、家庭农场的利润管理

（一）利润的概念

利润是家庭农场劳动者为社会创造的剩余产品价值的表现形式。利润是家庭农场在一定时期内，从生产经营活动中取得的总收益，按权责发生制及收入、费用配比的原则，扣除各项成本费用损失和有关税金后的净额，包括营业利润、投资净收益、补贴收入和营业外收支净额等。它表明家庭农场在一定会计期间的最终经营成果。

（二）家庭农场总利润的构成

（1）营业利润。

利润总额＝营业利润＋投资净收益＋补贴收入＋营业外收入－营业外支出

营业利润＝主营业务利润＋其他业务利润－管理费用－营业费用－财务费用

主营业务利润＝主营业务收入－主营业务成本－主营业务税金及附加

其他业务利润=其他业务收入-其他业务支出

（2）投资净收益。

净利润=利润总额-所得税

（3）补贴收入是指家庭农场按规定实际收到退还的增值税，或按销量或工作量等依据国家规定的补助定额计算并按期给予的定额补贴，以及属于国家财政扶持的领域而给予的其他形式的补贴。

（4）营业外收入主要包括固定资产盘盈、处置固定资产净收益、处置无形资产净收益、罚款净收入等。

（5）营业外支出主要包括处置固定资产净损失、处置无形资产净损失、债务重组损失、计提的固定资产减值准备、计提的无形资产减值准备、计提的在建工程减值准备、固定资产盘亏、非常损失、罚款支出、捐赠支出等。

（三）家庭农场利润的分配

利润分配是将家庭农场实现的净利润，按照国家财务制度规定的分配形式和分配顺序，在国家、家庭农场和投资者之间进行的分配。利润分配的过程与结果是关系所有者的合法权益能否得到保护，家庭农场能否长期、稳定发展的重要问题。为此，家庭农场必须加强利润分配的管理和核算。

利润分配程序是指公司制家庭农场根据适用法律、法规或规定，对家庭农场一定期间实现的净利润进行分派必须经过的先后步骤。

根据我国《中华人民共和国公司法》（以下简称《公司法》）等有关规定，家庭农场当年实现的利润总额应按国家有关税法的规定作相应的调整，然后依法缴纳所得税。缴纳所得税后的净利润按下列顺序进行分配。

（1）弥补以前年度的亏损。按照我国财务和税务制度的规定，家庭农场的年度亏损，可以由下一年度的税前利润弥补，下一年度税前利润尚不足以弥补的，可以由以后年度的利润继续弥补，但用税前利润弥补以前年度亏损的连续期限不超过5年。5年内弥补不足的，用本年税后利润弥补。本年净利润加上年初未分配利润为家庭农场可供分配的利润，只有可供分配的利润大于零时，家庭农场才能进行后续分配。

（2）提取法定盈余公积金。根据《公司法》的规定，法定盈余公积金的提取比例为当年税后利润（弥补亏损后）的10%。当法定盈余公积金已达到注册资本的50%时可不再提取。法定盈余公积金可用于弥补亏损、扩大公司生产经营或转增资本，但公司用盈余公积金转增资本后，法定盈余公积金的余额不得低于转增前公司注册资本的25%。

（3）提取任意盈余公积金。根据《公司法》的规定，公司从税后利润中提取法定公积金后，经股东会或者股东大会决议，还可以从税后利润中提取任意公积金。

（4）向投资者分配利润。根据《公司法》的规定，公司弥补亏损和提取公积金后所余税后利润，可以向股东（投资者）分配股利（利润），其中有限责任公司股东按照实缴的出资比例分取红利，全体股东约定不按照出资比例分取红利的除外；股份有限公司按照股东持有的股份比例分配，但股份有限公司章程规定不按持股比例分配的除外。

根据《公司法》的规定，在公司弥补亏损和提取法定公积金之前向股东分配利润的，股东必须将违反规定分配的利润退还公司。

第七章　家庭农场的多样化延伸

第一节　生态农场

一、生态农场的特征

生态农场，强调在农场生产过程中，运用生态学理念、方法和技术，以实现既提高农业生产效率又保护农业生态环境的目的，最终实现农业经济效益、社会效益和生态效益协调发展和同步增长。生态农场就是以生态学理论为指导建立起来的由新型农业生产模式和技术体系构成的农业生产单位或单元，它与生态村、生态乡（镇）、生态县或生态省（区）具有相似之处，只是范围不同、大小不一而已。生态农场利用生态学原理和方法，因地制宜地开发、利用、管理农业自然资源和农业社会经济资源，并利用不同的生产技术和方式提高太阳能的转化率、生物能的利用率以及废弃物的再循环率，使农、林、牧、副、渔业，以及农产品加工业、交通运输业、商业、休闲农业和乡村生态旅游业等得到全面发展，以满足城乡人民日益增长的物质需求。因此，生态农场不仅可以更有效地发展生产，提高农业生态系统的生产力，促进农、林、牧、副、渔全面发展，成为能量转化效率较高的农业生产基地，而且还能维护自然之间以及自然和社会之间的生态平衡，以达到保护生态、改善环境和可持续发展生产的目的。可见，生态农场是一种集可持续的农业生产模式和技术体系于一体的农业生产单位（单元）。

（一）界限明显性

与一般的生产单位或传统农场相比，生态农场在空间上具有明显的"界限"。这种"界限"至少有以下2种情形。一是用围墙或篱笆将生态农场围起来或圈起来，这样既便于管理、保护生态农场，也有别于周边非生态农场；二是用生态理念、生态模式、生态技术或生态道路等将生态农场展现出来，只要走近生态农场，即能感觉到这就是生态农场，而不是一般农场、非生态农场。可以说，只要你走进一家生态农场，则处处可感觉到其浓浓的生态味，这种界限不仅是有形的，而且是可以看得见的、摸得着的。

（二）生物多样性

生态农场之所以"生态"，是因为生物多样性丰富，通过丰富多样的生物，实现生物之间的共生、互补和"牵制"（相克），从而在农业生产过程实现少用甚至不用农药就能达到防治病虫草害的目的。

（三）结构复杂性

由于组成生态农场的生物多样性明显，由此形成的农业生态系统结构就复杂，如食物链条多且长，由此构成的食物网细致、密布、复杂。不仅物种结构复杂，其时空结构、营养结构也复杂。

（四）功能高效性

在农业生态系统中，结构决定功能。生态农场的结构复杂性，必然导致该系统功能的高效性。如就生态农场内的种植业——水稻生产而言，若能将单一的水稻生产，发展成为"稻田养鱼""稻鸭共栖""稻虾共作"等由多物种组合的种养结合模式，或在进行生态农场规划设计时，将系统食物链延长，实行种植业、养殖业、加工业相结合，一二三产业融合，则必然使其功能得到提升，实现生态农场的系统功能高效化。这正是生态农场较一般农场或农业生产模式高效的根本原因。

（五）技术先进性

一般的传统农场主要使用传统农业技术进行农业生产，生态农场则主要采用生态技术从事农业生产，尤其是现代生态农场，还往往将现代高新技术、现代化装备与生态技术结合起来，广泛应用于农业生产，这样就大大提高了农业生产效率。

（六）发展循环性

生态农场在进行农业生产时，视各种"废弃物"（如生活垃圾、作物秸秆、畜禽粪便等）为"再生资源"，将其进行再循环、再利用，从而实现变废为宝、变废为肥、化害为利，不仅节约了资源，提高了资源利用率，还改善了生态、优化了环境，可谓一举多得。

（七）管理综合性

管理生态农场时，不仅要用传统农业的技术和经验，还要用现代生态农业的理念和方法；不仅要用"硬"技术（具体生产技术），还要用"软"技术（政策、制度和宏观管理技术）；不仅要用国内"土"技术，还要用国外"洋"技术（学习国外先进管理技术和方法）；不仅要用"自然"技术（自然科学技术和方法），还要用"社会"技术（利用社会主义市场经济的规律和方法）等。要使生态农场运转好、发展好，必须进行综合管理。

二、生态农场建设与发展的对策和措施

（一）推广技术

要大力推广生态农场的核心技术、关键技术。

（1）低碳生产技术，如采用轮作休耕生产技术，大力发展少免耕生产技术，种植绿肥、豆科等养地作物，减少化肥施用量等。

（2）绿色防控技术，利用生态学原理和技术，保护生物天敌，实施生态减灾、生物减害，真正做到绿色防治病虫草鼠害，从而少用甚至不用化学农药，保护农场生态环境。

（3）循环利用技术，将农场系统内的作物秸秆、畜禽粪便、生活垃圾等各种"副产品""废物"等，通过农牧结合和沼气循环利用系统进行资源再循环、废物再利用，以实现"废物再用、资源再生""化害为利、变废为宝"。

（4）现代高新技术，在现代生态农场建设和发展过程中，不仅要充分挖掘、利用传统农业生产技术，还要高度重视发挥现代高新技术的巨大生产潜力，要十分重视现代生物技术、信息技术、新能源、新材料、新工艺等的广泛应用。

（二）开展合作

我国生态农场要在新时代有一个大发展，必须学习、借鉴发达国家的经验和做法，如生态农场管理的理念、生态农场评价的方法、生态农场的制度建设等。要通过开展与发达国家的合作和交流，将其先进理念、现代管理方式和方法等引进、应用到我国的生态农场建设与发展之中。

（三）完善制度

关于家庭农场、生态农场建设，我国已制定并出台了相关规章制度，对规范全国家庭农场、生态农场的发展起到了积极的推动作用。但随着形势的发展，特别是国家实施乡村振兴战略，必须进一步完善家庭农场、生态农场建设的相关制度，以便更快、更好地推进家庭农场、生态农场的建设和发展。

第二节 乡村旅游农场

一、发展乡村旅游农场的重要意义

推动乡村旅游农场的发展关键是促进农业与旅游业深层次的产业融合。

（一）优化产业结构，延长产业链

单纯的家庭农场只是简单的农产品种植、生产、加工及销售，产业链单一，农场效益低下；单纯的乡村旅游仅仅停留在观光、游玩上，游客们缺乏亲身体验的活动项目，无法真正感受乡村气息所带来的轻松舒适。而家庭农场在充分利用原有产业优势的基础上，通过对观光资源的合理规划与乡村旅游进行"嫁接"，一方面可以带动就业、休闲度假、传承传统文化、旅游服务等多方位的全面发展；另一方面可以让游客享受和观赏原汁原味的乡村环境，亲身感受采摘、种植、休闲、娱乐等体验活动。因而，家庭农场与乡村旅游的发展是集"吃、住、行、游、购、娱"于一体的，不仅能够促进农业的产业化发展，还将带动餐饮、工艺设计、交通运输、文化等产业链的形成与发展，促进农村产业结构的调整和优化，延长产业链。

（二）拓宽农村就业渠道

随着社会经济以及城镇化的发展，越来越多的农村青年以及中年人选择去城市打拼，受专业技能、综合素质、文化程度等条件的制约，城市中多数外来农村人口以从事体力劳动为主。而家庭农场旅游为农村劳动人口提供了一条新的就业渠道，因为它以原汁原味的农家生活、优质的自然景观为原资料，开展采摘、休闲、娱乐等生产经营活动，一方面，它所需资金少、安全性高、要求标准偏低，对农村劳动力的专业技能

要求相对较低，大量在城市打拼的农民依靠自身积累的资金回乡创业，为农村剩余劳动力提供了一条就业渠道，能够促进农村劳动力内部就业；另一方面，近两年国内掀起了家庭农场旅游发展的热潮，部分地区取得了不错的成绩，吸引了一部分想创业致富的大学生返乡创业，由于大学生具有较强的专业能力以及管理能力，可以对当地家庭农场旅游的发展进行专业的技术指导，甚至可以带动周边从事农业活动的农户增收致富，为农村发展带来新的机遇。

（三）统筹城乡协调发展

首先，家庭农场旅游为城市居民提供了一个感受自然、享受田园风光、体会农耕生活的机会，加深对乡村生活、农耕文化的体会与了解；其次，大量城市居民选择到乡村休闲度假，带来了农村与城市之间资金、信息以及物质资源的交替，为农村经济的发展与进步提供了机遇；最后，城市居民到乡村旅游带来的不仅是经济上的发展，更是城市居民先进思想观念、城市文明、生活方式与乡村的融入，改变了农村居民的思想观念、文明礼节、生态环保意识，提高了文明程度，对缩小城乡差距、促进城乡统筹发展起到了重要的作用。

（四）传承与发展传统文化

现代游客旅游更注重的是当地的文化熏陶，是一种情操的陶冶与回归自然的体验。家庭农场和乡村旅游的发展过程中必然会挖掘和传承农村内涵丰厚的文化，游客来到乡村可以亲身体会到农耕生活、民俗特色、亲自参与农产品的种植与采摘等活动，对于农村文化传承与发展起到了促进作用；同时也为远离乡村的城市居民提供了一个享受民俗文化、体验农耕生活、动手实践的机会，能够让游客真正体会到原汁原味的乡村文化生活，是一种全方位、多形式的农业旅游活动。

二、开发乡村旅游农场的有效策略

家庭农场旅游将是今后我国农业发展的一个重要模式，对推动农村经济实现跨越式发展、增加农民收入、缩小城乡差距都有非常重要的意义。因此，为促进家庭农场旅游又好又快发展，根据以上其发展过程中存在的问题，给出了相应的解决策略。

（一）顶层设计，科学规划

1. 依据当地特色，科学论证规划

我国疆土辽阔，在气候条件、土地资源状况等方面存在明显差别，农民应当根据各地具体条件，充分注重产品的全方位发展，有计划地发展形式多样的家庭农场、特色酒店、自驾野营等旅游度假产品。首先，当地农场应当响应国家政策号召，加强对危房、荒地、河流等土地资源的合理规划，建设多种形式的家庭农场系列供游客选择，如特色农产品农场、骑马农场、打猎农场、露营农场、自然景观农场等。其次，建设多种形式的住宿场所，如乡村别墅、高级乡村酒店、青年旅社、家庭旅馆等。最后，设计丰富多样的体验项目，如美食品尝、烹调培训、农产品采摘、园艺指导、动植物观赏等。

2. 示范基地引领，提升经营水平

加强农村旅游示范基地的年度土地总体规划，积极创办家庭农场旅游示范基地。一方面要合理规划示范基地的建设，充分考虑家庭农场、乡村旅游、文化植入、健康休闲等因素，积极争取国家政策的支持，鼓励地方政府设立家庭农场发展专项资金，用于重点扶持示范性家庭农场。另一方面要借鉴国际化的标准、现代化的装备、技术、管理理念，通过家庭农场的实践示范，将家庭农场的各类产业与乡村旅游相结合，建成游客们喜欢的绿色有机农产品供应地、乡间文化与农耕生活的体验

基地、优质的休闲度假场所等，提高顾客游满意度及回头率。

（二）搭建平台，改善管理

1. 依托互联网平台，形成差异化特质

在当前互联网已渗透到经济生活各方面的形势下，家庭农场旅游的发展更需要互联网企业的支持。

家庭农场可以依托互联网强大的数据资源，通过对大量多方信息资源的分析，重新整合和开发家庭农场地区的旅游资源，在契合旅游目标市场要求的前提下，创新设计出符合游客需求的专题产品供游客选择，让游客有计划、有目标地进行游玩体验活动，同时注重旅游精品的打造，形成以家庭农场为特色并具有差异化的乡村旅游产品系列。另外，针对农场中的特色产品内容，设计并突出涵盖家庭农场旅游的主题营销方案，甚至可以设置多主题组合的营销方案供游客选择。

2. 利用 O2O 经营，丰富管理方式

O2O 即 Online To Offline（线上到线下），将线下的机会与互联网结合，通过互联网平台提供商家的销售信息，聚集有效的购买群体。

家庭农场旅游的区域在农村，要想通过这种方式管理，首先，要加强农村的宽带网络建设，将线上网站 PC 端与移动设备的 App 连接起来，通过微博、微信、乡村旅游网等媒介进行宣传推广。加强家庭农场旅游资源的管理与服务体系，充分满足顾客个性化、多元化的体验需求，通过网上评价或投诉，加强对服务景点的监督，使家庭农场旅游更加透明化。

（三）优化环境，提升服务

1. 加大投入，改善基础条件

首先，充分利用国家政策支持，改善家庭农场旅游区的基础设施，包括道路、水利、电网、医疗卫生、交通、旅游服务

中心等，充分兼顾旅游发展与农户日常生产生活需求，促进城乡基础设施互联互通、共建共享，完善道路交通体系，建设宽阔便利的交通要道，创造条件实施旅游专车路线，修建连接城市与农村的客运站。其次，建立健全生态停车场，加强对游客的规范化管理，提倡文明旅游，推动家庭农场旅游规范、健康、有序进展。最后，当地可以融入历史典故、文化遗址、农耕文化、民俗风情等元素进行设施建设，还可以建设一系列融入小桥流水人家意境设计出的茅屋、小船、渔翁等环境元素，甚至可以仿古牌坊、茅屋、复古家具等给游客视觉冲击的实物，充分开发设计出蕴含乡村文化的环境意境，从感官上增加游客对乡村文化的触碰。

2. 建立激励保护机制，改善生态旅游环境

一方面，加强对生态旅游环境政策上的补偿补贴与投入机制，设立激励措施，引导农场经营者参与生态旅游环境保护技术、土地培养、生物多样性保护等工作，扩大、增强生态旅游环境保护项目的实施主体，保证生态环境的建设落到实处。另一方面，引导农户注重长远发展的经济效益、形成环境保护的长远意识，鼓励农户学习无公害农产品生产、资源的高效与重复利用等技术，对环境资源结构进行优化调整，实施较长期的环境资源保护规划，提高资源利用的效能。

（四）挖掘内涵，培育品牌

1. 旅游产品融入乡土文化，提升附加值

首先，餐饮产品方面，可以用乡村特有的原材料或烹饪方式来制作具有浓厚乡土文化特色的饮食产品，让顾客体验纯正的乡村饮食。其次，休闲游乐项目方面，可以开拓文化体验活动，例如农耕文化体验、节庆文化体验、民俗文化体验等，让游客在旅游体验和参与过程中更深层次地了解乡村固有的浓厚的特色文化的独特魅力。最后，在购物产品的品牌外包装方

面，产品的品牌名称简洁，标志生动形象、具有自然气息，能够给游客留下想象空间，让旅游产品和历史典故等达到有效融合，增添家庭农场旅游产品的品牌文化内涵。

2. 打造特色旅游文化基地

打造特色是发展家庭农场旅游的关键。首先，确定该地区特色文化的核心竞争力。家庭农场旅游应依据当地资源、环境等，深入挖掘自身的文化个性，抓住自身特色，形成特色的品牌文化营销基地，定位自己的品牌形象，如打造特色红色旅游基地、特色传统艺术品制造基地、村落古迹等。其次，分区域进行品牌组合。把景区内每个区域的具有特色文化内涵的景点进行组合，将零散的景点聚集起来，发挥规模效应。最后，打造当地特色的习俗文化表现形式。充分挖掘并运用当地最具特色的民俗文化，如民族服饰、民间戏曲、宗教活动等最触动人心的民俗活动。

（五）完善政策，强化支撑

1. 借力互联网金融，破解资金瓶颈

农村地区应充分利用好国家政策发展互联网金融，更好地促进家庭农场旅游的发展。首先，借助政府财政资金扶持政策，通过税收减免、财政奖补等杠杆手段，引导和支持金融机构为家庭农场发展提供金融服务。其次，以互联网为载体，吸引更多的投资商，如借助互联网上的众筹、招商平台等多种新型方式进行融资活动，用以满足不同地区、不同农户的需求。最后，健全农村的金融市场，完善农村宽带电信服务，加快互联网金融在农村的规范发展，从而推动家庭农场旅游发展。

2. 完善政策机制，发挥政府主导功能

政府在家庭农场地区的乡村旅游中，发挥着至关重要的作用，对家庭农场旅游支撑体系应重点建设法律保障体系、政策扶持机制。首先，政府及各地区部门应制定和出台关于家庭农场与乡村旅游的相关法律条例，重点出台有关家庭农场旅游示范基地建设标准、旅游资源的开发与保护等法律法规，制定出家庭农场旅游相关的宣传办法、技能培训机制等相关政策，规范家庭农场旅游的市场秩序以及经营管理行为。其次，政府应建立长效的家庭农场与乡村旅游的政策扶持机制，各地政府部门应根据情况，出台关于家庭农场旅游的发展项目，在借贷、融资等方面给予更多的优惠政策，最大程度地鼓励家庭农场旅游的发展与建设。

第三节 农耕文化农场

一、农耕文化开发模式

(一) 农耕遗址文化博物馆

农耕遗址文化博物馆在农耕遗址旁就地建馆，将遗址中出土的农具、谷物、器型等通过一些现代的技术手段将实物陈列变为动态化展示，将农业生产过程、场景真实再现，为民众提供宣传教育、科普农耕文化，让更多的人了解、参与到农耕劳动中去。

例如，运用图片、影像、3D虚拟现实的技术手段将农耕文化起源、农耕器具、耕种技术、民风民俗、饮食文化进行系统展示，让人们全方位地了解农耕文化发展历程。此外，还根据自身特色定期组织多种形式的农耕文化活动，如农耕文化主题展览、休闲农业培训、耕种过程体验等。

(二) 生态体验式共享农场

生态体验式共享农场是以农耕文化资源和体验农业为基础，以生态农业和观光旅游为主要功能，重在体验农业生产活动的过程。合理开发利用农业资源，使其与旅游资源相融合，打造集生态农业、采摘、经营、观光、休闲活动、文教于一体的综合式农场。

将当地的民风民俗以及民间传说融入生态观光旅游中去，形成以休闲观光、生态农业采摘、体验生产活动为主题的生态农业旅游观光采摘教育基地。

（三）农耕文化主题公园

农耕文化主题公园主要是以民俗文化、耕种技术、耕种工具等为主题，采用不同的园区结构，系统展示农耕生产的流程，营造厚重的农耕文化氛围，突出历史文化底蕴。

深入挖掘当地历史底蕴、着重突出特色，将一些农事活动（如田间锄草、扶犁耕作等）的场景融入其中，通过丰富的设计手段提升农耕文化主题公园的艺术观赏价值。

二、农耕文化开发策略

（一）深入挖掘农耕文化内涵，探索创新农耕文化

农耕文化包含了物质文化遗产和非物质文化遗产，是亟待传承的民族文化瑰宝。必须对农耕生产、生活方式、生活习俗、传奇故事、文化典故等进行广泛的收集整理，将这些农耕文化资源通过数字化处理进行保存，以便进行深入的研究。

新时代要想使农耕文化遗产"活"下去，首先必须顺应时代的发展，树立起独具特色的乡村农耕文化品牌，更新理念，打造生态、休闲、观光、旅游农业。其次要增强民众保护农耕文化的意识，使其自觉保护农耕文化遗产。

（二）打造特色农耕文化品牌，与乡村旅游深度融合

以具有深厚的农耕文化背景和丰富的乡村旅游资源，结合当前农耕文化资源的开发利用趋势，以生态农业为着力点，打造独具江南特色的乡村旅游品牌，将农耕文化底蕴进行展现，凸显农耕文化遗产的魅力。

乡村旅游为传统的农耕文化提供了新的生存土壤，在农耕文化遗产旅游开发的过程中，必须实现农产品的品牌化，农产品品牌化是实现农耕文化遗产经济价值的重要表现形式。

农耕文化是千百年来中华民族农耕文明积累的精华，是中华民族的根与魂，凝聚着广大劳动人民的经验与智慧，是中华文化的本源。将农耕文化遗产传承与乡村旅游相结合，不仅可以发展乡村经济，还为乡村振兴、乡风建设、乡土文化的传承提供积极意义。

第四节 共享农场

由于城市土地资源有限，乡村土地资源闲置，加之近年来共享经济渗透到人们的生活、各行各业中去，共享农场随之诞生。

一、共享农场的 SWOT 分析

（一）优势

现今大城市生存成本高、工作压力大，各个年龄阶段的人都更加向往田园生活，对于共享农场的需求大大提高。

（二）劣势

乡村旅游基础薄弱，乡村道路质量参差不齐，住宿、餐饮、停车场等服务设施尚需进一步完善。此外，由于乡村人才流失严重，缺乏具备经营意识的运维人员和有服务意识的服务人员。现有工作人员普遍文化程度低，沟通能力差，服务意识淡薄，尚未形成良好的旅游形象。

（三）机遇

乡村振兴战略的实施是乡村旅游发展的重大政策机遇。乡村的发展得到国家前所未有的关注和支持，并且随着乡村观光旅游市场需求日益旺盛，现有创新性共享农场数量与规模无法承载越来越多的游客，市场远未饱和。

（四）挑战

自乡村振兴战略实施以来，在全国各地乡村田园综合体如雨后春笋般不断涌现，如何在日益激烈的竞争中打造自身特色，创造竞争力是现有创新性共享农场待解决的问题。利益分配难以协调，如何更好地处理地方政府—运营团队—当地居民之间的利益划分，才能取得持续稳定健康的企业发展。

二、共享农场优化建议

（一）建立品牌，打造品牌效应

在规划发展共享农场的同时，将文化价值与品牌相结合，打造品牌效应，使消费者对农场有更深的认可。将中华优秀传统文化中的农耕文化、传统节日文化等融入品牌价值及日常活动的运营中，升华品牌意义，使用户在认可品牌、使用平台的同时能够学有所获，共同支持乡村振兴发展。

（二）多方努力，促进政—企—农合作

提升农业价值重在围绕政、企、农市场化机制创新，搭建三者命运共同体是关键。政府、企业和农民是农业开发升级的主要参与角色，政府有政策和项目资金，企业有投资和市场运营能力，农民有土地和劳动力，三者互补。应该考虑项目功能定位和在市场上体现的社会功能，既要符合国家大的战略发展方向，又要有很好的市场前景。

（三）注重工作人员的培养、培训

深入推进共享农场经营者培养，完善项目支持、生产指导、质量管理、对接市场等服务。鼓励农民工、高校毕业生加入共享农场项目的建设。对于工作人员进行合规培训，提高专业知识和服务意识，保证顾客在共享农场的更好体验。也可以

在项目落地后，引入绩效管理体系，促进企业与员工的共同成长。

（四）优化完善信息化平台

为将互联网与共享农场更好地相结合，应优化完善信息化平台。在认领土地板块，提供更加智能的服务，使用户真正做到线上远程监控、操作，为用户带来便利性和趣味性。在线上平台设置好预约、预览、咨询、科普等板块，为用户带来全方面沉浸式体验，最大程度地满足用户需求。

农民合作社篇

第八章　农民合作社的创建

第一节　成立农民合作社

农民专业合作社的成立组建，需要经过一定的法律程序才能取得合法的法人资格，进而从事经济和民事活动。一般来说，农民专业合作社的成立组建工作主要有以下多个环节。

一、发起环节

农民专业合作社的发起人就是组建农民专业合作社的创始人，其应该是从事同类或相关的农产品生产经营的自然人和企业法人。发起人需要在农民专业合作社成立之前，从事策划、组织、宣传、制定规章制度等工作。

农民专业合作社的发起人至少要有 5 人。一个合格的发起人至少应该具备以下条件：第一，坚持党的路线、方针、政策，政治素质好，组织能力强；第二，其从事的业务活动在本地本行业内有较大的影响力，一般为专业大户、农村经纪人、村"两委"干部等；第三，具有完全民事行为能力；第四，热爱合作社事业，愿意为农民专业合作社服务；第五，掌握了相关的专业技术知识，有良好的业务素质。

在筹建农民专业合作社的过程中，发起人应该如实登记，并填写农民专业合作社发起人登记表。此外，发起人还需要起草发起倡议书，以便使农民了解农民专业合作社的宗旨和服务内容，吸引广大农民加入。

二、可行性分析环节

按照2018年农业农村部新修订的《农民专业合作社示范章程》的规定，各农民专业合作社可以根据其具体的实际情况，选择以下几种业务作为其合作社的业务范围：一是农业生产资料的购买、使用；二是农产品的生产、销售、加工、运输、贮藏及其他相关服务；三是农村民间工艺及制品、休闲农业和乡村旅游资源的开发经营；四是与农业生产经营有关的技术、信息、设施建设运营等服务。

在这些政策的引导之下，农民专业合作社还需要结合自身的实际情况，确定符合其生产发展的经营内容。发起人在成立农民专业合作社之前，应该主动和相关部门取得交流，并听取意见。如与农业科研单位、农技推广部门取得联系，可以更全面地了解其合作社的未来发展方向等。

三、确定合作社名称和住所环节

《中华人民共和国农民专业合作社法》（以下简称《农民专业合作社法》）规定，农民专业合作社应该有能够体现其合作社经营内容和特点的名称，并且应该有且只有一个固定的场所。关于农民专业合作社的名称，一般情况下需要用全称，也可以有简称，但必须以向工商局取得的企业名称为准。关于农民专业合作社的住所，并不完全要求合作社必须有一个专属于自身的法定场所。对于那些刚刚成立的规模较小的合作社来说，合作社的场所可以选择在发起人的家里。

四、起草专业合作社章程环节

农民专业合作社章程是申请有关部门注册的主要文本，是农民专业合作社设立内部组织机构、开展活动的基础和依据。关于农民专业合作社章程，必须在法律允许的范围内，广泛征求拟入社成员的意见的基础上制定，必须经设立大会讨论并通过。农民专业合作社章程必须符合《农民专业合作社法》的规定，应当载明以下事项：农民专业合作社的名称和住所；业务范围；成员资格及入社、退社和除名；成员的权利和义务；合作社的组织机构及其产生办法、职权、任期和议事规则；成员的出资方式、出资额，成员出资的转让、继承、担保；合作社的财务管理和盈余分配、亏损处理；合作社的章程修改程序；合作社的解散事由和清算办法；合作社的公告事项及发布方式；附加表决权的设立、行使方式和行使范围；以及其他需要载明的事项等。

五、制定经营管理制度环节

农民专业合作社的经营管理制度，应该包括组织机构的设置、会议制度、工作规则、财务会计制度等。这些经营管理制度需要在第一次成员大会上交由全体成员讨论通过后再实施。

六、吸收成员入社环节

在执行好以上工作环节之后，农民专业合作社的发起人就应该通过一些合法途径发展社员，以壮大合作社的规模。在执行这些工作之前，发起人应该认真学习《农民专业合作社法》等相关文件，深入了解文件精神，以便能够向农民正确地传递有关农民专业合作社的相关知识，提升农民参加合作社的积极性。

七、召开成立大会环节

《农民专业合作社法》第十四条规定，设立农民专业合作社应该召开由全体设立人参加的设立大会。设立时自愿成为该社成员的人为设立人。

农民专业合作社成立大会的会议内容应该包括：第一，通过本社章程，章程应当由全体设立人一致通过；第二，选举产生理事长、理事、执行监事或者监事会成员；第三，审议其他重大事项，如讨论和修改本组织章程、本组织内部各项经营管理制度、本组织年度工作计划和其他有关事项。在召开成立大会之前，相关负责人应该做好以下工作：第一，起草大会主持词；第二，准备好业务主管部门对成立该合作社的批复；第三，宣读合作社章程；第四，写好筹备工作报告；第五，起草选举办法及说明；第六，确定专业合作社的管理机构。

范例

×××农民专业合作社成立大会主持词

尊敬的各位领导、各位来宾、各位朋友、各位社员：

今天，×××农民专业合作社成立了。我代表合作社向出席会议的各位领导、各位来宾、各位朋友表示热烈的欢迎和衷心的感谢！

出席今天成立大会的有尊敬的市县领导、有到会祝贺的友好单位的代表，有关心支持我们的朋友，还有新闻单位的朋友、部分乡镇畜牧站的领导、合作社社员代表。

到会祝贺的单位有×××。

下面，向大家隆重介绍出席今天成立大会的领导：

×××，×××

今天的成立大会共有六项议程。

下面，大会进行第一项议程：请合作社发起人之一的×××

同志介绍×××农民专业合作社的筹备情况。

大会进行第二项议程：请×××同志宣读×××农民专业合作社成立批文。

大会进行第三项议程：给合作社授牌授印。请×××同志给×××农民专业合作社授牌，请合作社监事长×××接牌；请×××同志给×××农民专业合作社授印，请合作社理事长×××接印。

大会进行第四项议程：请×××农民专业合作社理事长×××同志发言。

大会进行第五项议程：请祝贺单位代表讲话。

①请×××有限责任公司的代表讲话；

②请×××有限责任公司的代表讲话；

③请×××有限责任公司的代表讲话；

大会进行第六项议程：请市县领导讲话。

①请×××同志讲话；

②请×××领导讲话；

③请×××领导讲话；

×××农民专业合作社成立大会圆满成功。谢谢大家。

八、农民专业合作社的成立条件

《农民专业合作社法》明文规定成立农民专业合作社必须满足以下条件。

(一) 有五名以上符合以下规定的成员

具有民事行为能力的公民，以及从事与农民专业合作社业务直接有关的生产经营活动的企业、事业单位或者社会团体，能够利用农民专业合作社提供的服务，承认并遵守农民专业合作社章程，履行章程规定的入社手续，可以成为农民专业合作社的成员。但是，具有管理公共事务职能的单位不得加入农民专业合作社。

农民专业合作社应当置备成员名册，并报登记机关。

农民专业合作社的成员中，农民至少应当占成员总数的 80%。

成员总数 20 人以下的，可以有一个企业、事业单位或者社会团体成员；成员总数超过 20 人的，企业、事业单位和社会团体成员不得超过成员总数的 5%。

（二）有符合本法规定的章程

即必须要有农民专业合作社章程。

（三）有符合本法规定的组织机构

农民专业合作社的组织管理机构一般包括：成员代表大会，即农民专业合作社的最高权力机构、决策机构；理事会和监事会，即农民专业合作社的执行机构；理事长，即农民专业合作社的法人代表；内部机构，即专门负责农民专业合作社的生产、经营、销售等工作。

（四）有符合法律、行政法规规定的名称和章程确定的住所

确定该合作社的住所，既便于促进交易的顺利进行，也便于为该交易留下确立法律事实、法律关系和法律行为发生地的重要依据。但是，就我国农民专业合作社的组织特征和交易特点来看，也不一定必须有一个专属于合作社的法定场所，只要有某个成员的家庭住址作为登记住所地即可。

（五）有符合章程规定的成员出资

一般来说，明确成员的出资有两方面的意义。首先，可以将成员的出资作为合作社从事经营活动的主要资金来源；其次，成员的出资也可以为合作社对外承担债务责任的信用作担保。在我国，由于农民专业合作社类型多样，经营的内容和经营的规模都有很大的差异，所以《农民专业合作社法》在规定成员是否出资以及出资方式和出资额方面并没有作出明确的规定。就全国各地合作社的立法实例来看，合作社在出资问题

上基本上都为农民设置了较低的门槛。也就是说，所谓的出资只是象征性出资，并不作过分要求，甚至会不设任何门槛。

第二节　专业合作社登记

根据 2022 年国家市场监督管理总局发布的《中华人民共和国市场主体登记管理条例实施细则》，农民专业合作社（联合社）作为市场主体之一，应该严格按照名称、类型、经营范围、住所、出资额、法定代表人姓名等进行登记，并严格按照章程、成员、登记联络员进行备案。

一、设立登记

申请办理设立登记，应当提交下列材料。

（1）申请书。

（2）申请人主体资格文件或者自然人身份证明。

（3）住所（主要经营场所、经营场所）相关文件。

（4）公司、非公司企业法人、农民专业合作社（联合社）章程或者合伙企业合伙协议。

申请设立农民专业合作社（联合社），还应当提交下列材料。

（1）全体设立人签名或者盖章的设立大会纪要。

（2）法定代表人、理事的任职文件和自然人身份证明。

（3）成员名册和出资清单，以及成员主体资格文件或者自然人身份证明。

二、变更登记

市场主体变更登记事项，应当自作出变更决议、决定或者法定变更事项发生之日起 30 日内申请办理变更登记。农民专业合作社（联合社）应当提交成员大会或者成员代表大会作出的变更决议；变更事项涉及章程修改的应当提交修改后的章程或者章程修正案。

农民专业合作社因成员发生变更，农民成员低于法定比例的，应当自事由发生之日起6个月内采取吸收新的农民成员入社等方式使农民成员达到法定比例。农民专业合作社联合社成员退社，成员数低于联合社设立法定条件的，应当自事由发生之日起6个月内采取吸收新的成员入社等方式使农民专业合作社联合社成员达到法定条件。

第九章　农民合作社的组织管理

第一节　农民合作社组织管理模式

一、农民专业合作社管理模式的类型及特点

(一) 以企业为核心的模式

以企业为核心，是指企业作为农民专业合作社控制机构或是创办机构。此类农民专业合作社主要由企业实施管控，依托企业实现对整个农民专业合作社的管理，借助企业的资金支持完成各项生产经营活动。

在这一模式下，市场波动所带来的风险也主要由企业所担负，因此可以有效地帮助农户减小经营风险，可以保持价格波动的稳定性，避免价格出现较大浮动。

除此以外，以企业为核心的管理模式的合作社，多具有产业化经营模式，销售面相对较广，销售能力以及销售渠道较为稳固，可以有效化解企业和农户之间的过高的交易成本问题。但是这一模式需要由企业完成对产品以及市场的开发，担负起品牌的包装以及宣传工作，而农户仅需要掌握一定的种养技术并生产达标的产品即可；而这极有可能导致企业主导市场价格的现象发生，农户处在相对被动的位置。

(二) 以农户为核心的模式

即农户作为农民专业合作社控制机构或是创办机构的模

式。这种模式同时又可细分成下面3种模式，即以农户社员、能人和大户、村干部为控制机构或是创办机构的农民专业合作社模式。首先，以农户社员为控制机构或是创办机构的农民专业合作社中，各个成员之间的联系相对密切，更能够贴合合作社的原则。在具体实践中，现有成功的合作社可以实现完全依照规章要求办事，但合作社的运行效率比较低。其次，以能人、大户为控制机构或是创办机构的农民专业合作社中，整个合作社的发展水平和能力与大户的能力有着高度联系，包括能人、大户的经济实力、技术储备、产品开发以及营销等，直接关系合作社的经济效益以及运行水平。此类合作社的市场适应性相对较好，对于成本的把控较为合理。最后，以村干部为控制机构或是创办机构的农民专业合作社中，村干部往往在农户集体中有着较高的威望，号召力较强。部分村干部对于国家的时事政策也有深入的认识，同时有着自己的特长，所以农户也更青睐于这种合作社模式。

但是，此类合作社管理模式往往对内管理规范性并不强，极有可能发生权利过度集中问题，在利益分配方面也时常会引发各种矛盾。假如这些长期存在的问题，均可以得到彻底地解决，那么该模式的合作社往往可以起到较好的致富效果，更符合现代农户的需求。

（三） 以有关组织为核心的模式

即以有关组织为农民专业合作社控制机构或是创办机构的模式。较为常见的组织包括准政府组织、职能部门和对应的下辖部门等，例如以村委会为农民专业合作社控制机构或是创办机构的模式。目前，以有关组织为核心的合作社发展参差不齐，对于部分经济实力较强的农民专业合作社，已经建立了较为独立的经济实体。部分经济实力不高的合作社，尤为依赖具体的某个农业领域的企业或是地方职能部门的资助支持，同时还会定期向社员收取相关会费。例如围绕专业技术协会为农民专业合作社控制机构或是创办机构的模式。相关技术协会主要包括了从事农业、农村专业技术研发的有关成员，或是一些专业技术人员。以专业技术协会为核心的合作社，尤为强调地方资源的支持，与地方的核心产业高度融合，聚力推动专业化生产运营。

二、农民专业合作社管理策略

（一）职能部门提高扶持力度

农民专业合作社作为农业新型经营主体的重要组成部分，在推动农业适度规模经营、解决农用物资和农产品买难卖难、维护农民在市场中的主体地位、带领农民共同致富中具有不可替代的作用。为此，有关职能部门需要高度关注并给予必要的支持，推动农民专业合作社的稳定健康发展。首先，农民专业合作社多由农民组成，与各类企业相比，经济实力较弱。因此，各级财政部门需要秉持"普惠制"的理念，对于全部满足要求的农民专业合作社，均应当支持在规定的时限内开展申请，农民专业合作社经专家评审批复合格之后即可获得资助。其次，针对农民专业合作社缺技术、缺人才的问题，职能部门要定期或不定期地组织开展业务培训，学习先进经验和生产技术以及管理措施。最后，针对农民专业合作社融资贵、融资难的问题，各金融部门要充分认识到农民专业合作社作为转型农业经营主体，经市场管理部门注册登记后，具备能承担民事责任的法人资格，拓宽思路，承认农民专业合作社的市场主体地位，开发相应的金融产品，支持合作社发展。

（二）完善治理架构和制度

治理架构以及治理制度的高效、完善，对于推动农民专业合作社具有重要作用。相关部门需要尤其关注现代农民专业合作社的治理架构的建设，对各方面的权限予以合理的分配，结合农民专业合作社的业务发展所需以及经营体量确立经理制度。经理制度的主要优势，是可以推动农民专业合作社组织机构互相之间形成有效的平衡，职业经理人的参与，实现对农民专业合作社专业化管控，从而规避因为农户个人管理不到位、有关管理知识不够等问题，导致的农民专业合作社经营不善的问题，有效推动农民专业合作社和市场经济联合起来，助力其健康发展。

首先，需要对决策权进行合理分配，务必坚定社员大会的最高决策权，将合作社中所有事务的最高的决策权赋予社员大会。其次，应当对社员大会、理事会以及理事长等各自的权利范畴予以界定，避免越权。最后，建立能人管理和民主管理高度结合的经营模式，平衡民主和权威之间的联系，确保能人管理与民主管理的稳定性。同时，应当就决议的流程以及模式予以明确，健全合作社管理人员的选拔任用制度。

（三）完善利益分配工作

农民专业合作社应当充分考虑当前发展现状，在确保整个农民专业合作社基本原则的前提下，持续加大资金的引进，并推动生产力的发展，坚持依照交易量返还以及按股分红的管理模式，务必确保各个要素之间的分配平衡性。除此之外，不仅可以对于普通的社员依托交易额返还以及股金分红实现获益，还需要对管理人员的投入予以必要的效益分配，确保各方面要素的投入均能够获得回报；而这同时也是激发管理层持续提高工作质量的重要手段。

（四）合理应对经营风险问题

首先，应当构建农民专业合作社发展储备基金，合作社需要在包括产、供、销等各个环节依照特定的比例，充分利用储备基金，弥补经营亏损，以此来保证合作社可以持续为广大农户提供服务。其次，需要配置必要的政策性农业保险，由此规避因为体量不高无法抵御各种潜在风险的问题。基于现阶段保险企业对合作社的投保有着明显的要求，投保条件较为苛刻，对此合作社需要尽量创造条件，积极参与各种政策性的保险，以此来化解风险，规避潜在损失。最后，需要高度关注内部管理工作，这也是推动化解农民专业合作社经营风险问题的重要手段。加强对内的监管，确保监管岗位和执行岗位的职责分离，有针对性地完善农民专业合作社自领导层至一线基层的责任制度，保证管理层之间可以各司其职、互相联系。

（五）构建产业链并实现品牌化发展

在产业链体系并不完善的背景下，农民专业合作社的经营可能需要耗费更多的成本，利润也会被瓜分，从而达不到理想水平。对此，合作社需要积极推动产业化发展，从生产、加工乃至销售等进行产业的细化管理，拉长整个产业链，完善产业体系，提高经济效益。

相关部门为合作社的成员，提供产前、产中、产后销售的全面性服务支持，切实保证农产品的产量以及品质，实现农业效益的最大化。现代农民专业合作社还应当积极关注和拓展多维度的销售网络，构建起系统性的营销体系。逐步构建起"农超对接"、借助线上数字化平台进行农产品销售。合作社也可尝试和地方院校以及社区进行对接，参与各种展览会以及推介会等，不断提升产品的知名度，拓宽销售渠道。

（六）合理分配管理任务

"少数人控制"是现阶段农民专业合作社普遍存在的内生问题。要想彻底消除这一现象，在当下环境而言有着较高的难度。相对合理的解决方式，是将农民专业合作社内的"少数人控制"问题予以必要的约束，继而促使少数人对合作社的影响控制在最小范围内。首先，对控制架构予以细化，支持同质合作社之间的联合，建立农民专业合作社联合社。其次，基于相对健全的市场体制，实现对市场的规范化管理，即市场约束，强调农民专业合作社外部实现对内部的约束管控，结合构建全面的市场制度支持市场竞争。最后，依法办社。农民专业合作社成员大会选举和表决工作实行"一人一票"制，各成员享有一票的基本表决权，出资额或者与本社交易量（额）较大的成员按照章程规定，可以享有附加表决权，但最多不得超过本社成员基本表决权总票数的20%，以此对少数人形成约束。

（七）积极引荐前沿经验

自1844年世界上第一个合作社，即英国的罗虚代尔先锋社成立以来，世界各国已对农民专业合作社开展了大量的研究，且已形成了许多具有实践意义的理论成果和成功案例。我国自改革开放以来，已成立了较多的合作社，在合作社法的规范和职能部门的监管及业务部门的指导下，取得了一些成功的经验，评选了一部分示范社。对此，应当对成功的案例以及经验等进行深入的研究，并充分结合农民专业合作社管理现状，有针对性地予以借鉴，切实推动我国农民专业合作社的健康稳定发展。

第二节 农民合作社信用合作管理

一、农民合作社信用合作特点

农民合作社信用合作是当前合作金融的主要形态，相比其他合作金融组织更加广泛、更为活跃，呈现如下特点。

（一）信用合作组织形式多样，表现活跃

有的以生产合作为基础在农民合作社内部开展信用合作业务；有的依托农民合作社组建相对独立的资金互助组织；有的

直接向合作社成员发放贷款。其中，在合作社内部以生产合作为基础开展信用合作和依托合作社建立资金互助组织的较多。

（二）开展信用合作的农民合作社数量少、规模大

开展信用合作的农民合作社从数量上看还比较少，但成员规模一般比较大。

（三）开展信用合作的农民合作社区域分布不平衡

据统计，开展信用合作的农民合作社主要集中在东部地区，其次是西部地区，中部地区最少。

二、农民合作社信用合作的典型模式

随着农民合作社的发展壮大，农民合作社开展信用合作的形式越来越多样化。一般从合作的媒介手段看，主要有商业信用、货币信用等合作模式。

（一）商业信用合作模式

商业信用合作模式是农民合作社和内部成员间在农产品生产、加工和销售的基础上建立的，坚持"适度开展、服务农业"的原则，由农民合作社从金融机构取得贷款，以贷款或收入统一购入农业生产资料，赊销给成员农户，再按事先约定的价格向农户回购农产品，然后出售给外部市场，以收回垫付款的形式为社员提供资金支持。这种信用合作模式下，农户依靠商业信用从合作社获得生产物资，再以农产品进行偿还，改善了农村金融需求结构，提升了农村金融功效。

（二）货币信用合作模式

货币信用合作是以农民合作社的名义从金融机构取得贷款，然后以取得的贷款和合作社股金作为货币资金来源为社员发放贷款的资金互助形式。货币信用合作又可分为两种形式：一种是在农民合作社内部设立信用合作单元或独立的资金互助组织，依托吸收的社员股金在合作社内部开展借贷活动，为社

员的临时性和季节性资金需求提供支持；另一种是社员向正规金融机构贷款，农民合作社以自身声誉为社员提供贷款担保。

三、农民合作社运行机制

近年来，农民合作社在开展信用合作方面进行了不同形式的实践探索，出现了不同的做法，但其开展信用合作的核心运行机制大致是相同的。

农民合作社内部信用合作都是封闭运行的，是在合作社内部为了帮助困难成员解决生产资金不足问题而进行的资金余缺调剂。信用合作资金主要源于成员入股的股金，一般根据成员的融资需求、产业特点、经营能力等，确定筹资规模和频率。资金使用人也必须是合作社成员。有的合作社有严格限制，资金的使用人必须通过出资获得资金的使用资格；有的合作社没有严格限制，将资金使用对象扩大到合作社全体成员，在符合出资成员的意愿下，通过民主程序就可自主决定资金出借范围。成员借款一般额度小、时间短，且需缴纳使用费，使用费率大多要高于银行同期贷款利率，但一般不超过 2 倍。出资成员以保底分红或浮动分红的方式获取收益。

四、乡村振兴背景下农民合作社信用合作可持续发展的对策

（一）健全相关政策法规

一方面，尽快修订相关法律，确立农民合作社信用合作的法律地位，把信用合作纳入法律制度框架范围内。明确农民合作社信用合作的性质、职能、业务范围等，界定合作社成员的来源，划分资金互助与非法集资的界限，规范合作社信用合作发展运营，建立资金互助和风险防范机制，并要明确政府相关职能部门和金融监管机构的监管职责，防止信用合作风险的产生与扩大。同时加快推进农村信用体系相关法律法规建设，使

农民合作社的信息征集、信用等级评价等有法可依，为农民合作社信用评价体系建设提供法律支撑。

另一方面，加强政策支持和宣传。农民合作社信用合作兴起时间较短，尚处于初级阶段，抵御风险能力相对薄弱，政府部门要在政策上给予一定的支持，加大财政扶持、税收优惠力度等，促进农民合作社信用合作健康发展。同时加强政策宣传，引导农民合作社信用合作回归本质，服务"三农"，并鼓励引导金融机构与农民合作社信用合作组织加强合作交流，指导农民合作社信用合作规范发展，降低信用合作风险。

（二）加强合作社内部管理

1. 加强合作社民主管理

农民合作社内部应当完善民主管理决策机制，充分发挥社员自治功能，资金募集、发放等重大事项应当通过合作社内部社员大会民主协商决定，避免出现合作社理事长"一支笔"管理资金的情况。同时对资金的发放和运行情况要做好信息披露，定期向社员公示，确保公开透明，接受广大社员民主监督。

2. 规范信用合作管理机制

农民合作社信用合作是一种金融活动，是为合作社内部社员提供的一种金融服务。在资金运作管理上，一定要建立规范的运作办法，在操作流程上要制定明确规范的管理标准，并加大执行力度。合作社的互助资金应单独设立账户，与合作社的财务活动、固定资产、流动资金等分开，信用合作应限定在合作社内部社员之间，为社员资金短缺提供互助，不能超范围为外部人员贷款或投资，避免出现风险隐患。

（三）规范资金管理

1. 拓宽筹资渠道，增加资金来源

农民合作社不是金融机构，无法对外吸收存款，资金筹措

受限，目前合作社资金主要来源于社员自有资金，资金互助规模不大。因此，农民合作社应积极与当地正规金融机构合作，引入外部资金。一方面可以由农民合作社资金互助组织出面统一向金融机构借贷，再将借贷资金发放给合作社成员，缓解社员资金需求。另一方面，加强与金融机构业务联系，借助金融机构的专业管理服务弥补农民合作社信用合作管理中的不足，降低财务管理成本，促进农民合作社信用合作健康发展。

2. 规范资金使用办法

一方面，农民合作社信用合作要制定规范的资金借贷审核、发放流程，建立风险防范机制。对申请资金互助的合作社成员信用、家庭状况、贷款用途等要严格审查，尤其是对于资金的用途和贷款发放一定要严格监管，符合条件的才给予贷款发放，资金使用过程中随机抽查，确保其用于农业生产活动。另一方面，在控制风险的基础上，尽可能提高信用合作效率，对信用条件好、资金运营良好的社员可适当提高贷款额度，既满足社员需求，也避免资金闲置。此外，农民合作社信用合作不是银行，是基于生产活动需要产生的，必须结合生产实际适度开展，切忌肆意进行资本运作，一定要找准定位，充分发挥合作制度优势，让互助资金发生最大效益。

（四）完善监管体系

农民合作社信用合作属于非正规金融，为防范金融风险，维护金融稳定，必须加强监管。

1. 明确监管主体，合理划分权责

农民合作社信用合作要想规范健康发展，急需明确监管主体，合理划分权责。结合当前实践，农民合作社信用合作应建立银监、农业、工商三位一体、分工互补的监管体系。农民合作社信用合作业务主要由行政主管部门审批，但农业部门在金融监管上并不专业，很难有效防控并应对金融风险，为此，农业农村行政部门应发挥自身熟悉"三农"工作的优势，重点在合作社业务规范发展上给予指导、扶持和服务。

市场监督管理部门是农民合作社的合法监管部门，主要负责合作社运行情况公示和督促，应要求其将信用合作业务单独纳入年度报告进行公示，提供公开透明信息，接受监管；金融监督管理部门作为专门的金融监管机构，应逐步将农民合作社信用合作纳入监管轨道，对其失范行为及时纠偏，全面防控风险。

2. 创新监管手段，提高监管效率

农民合作社是源于共同的生产经营活动而建立的合作组织，合作社内部信用合作也是为解决社内成员生产经营资金短缺产生的资金互助业务，股金源于社员，服务于生产，不能盲目做大，片面吸纳存款股金。监管部门应当结合当地实际和合作社自身情况，设计合理的风险防控机制，对合作社资金的吸纳、运行、发放等进行监督。合作社根据成员生产发展的贷款需求制定合理筹资计划，监管部门因地制宜设计制定单人、单笔贷款最大限额等风险防控指标，建立风险预警机制，从宏观角度对筹资计划进行监管指导，避免造成资金常年闲置，同时从微观角度监测放款情况，落实信用资金严格执行，防控信用合作风险，加强有效监管。

此外，还可以借助社会审计力量对农民专业合作信用合作进行监督和审查，减轻监管部门压力和监管成本，提高监管效率。

第三节　推动农村集体经济组织与农民合作社融合发展

农村集体经济是农村经济发展的重要基础，也是国民经济的重要组成部分。新时期发展农村集体经济组织是乡村振兴的有效手段，通过推动农村集体经济组织与农民合作社的融合发展，旨在发挥农村集体经济组织和农民合作社的优势互补作用，为农民增收，为推动农业转型升级搭建多元主体框架。从现实来看，农村集体经济组织的作用尚未得到充分发挥，传统经营主体与新兴经营主体之间的联系不紧密、合作不深入，在一定程度上阻碍了乡村振兴的步伐，为改善这一现状，需明确农村集体经济组织与农民合作社在业务经营领域的结合点，处理好不同主体之间的关系。

一、融合发展的现实意义

农村集体经济组织在发展过程中形成了独特优势，表现如下。

第一，具备政治资源整合优势。很长一段时间，农村集体经济组织肩负着壮大农村经济的特殊使命，农村集体经济负责人一般都是由村支书或村委会主任兼任，因此农村集体经济组织在一定程度上还扮演着农村治理工具的角色，相应地能够获得更多的资源。

第二，农村集体经济组织具备政策倾斜优势。由于农村集体经济是社会主义公有制经济的代表，农村集体经济组织则是发展壮大农村集体经济的核心。因此，各级地方政府在制定农村政策时会将农村集体经济组织发展作为政策主要实施对象。

第三，农村集体经济组织具备土地资源整合优势。农村集体经济是农村土地所有权主体，经济组织在土地经营权流转，农村宅基地利用、经营性建设用地入市等方面承担着重要职能。相应地也具备了土地资源整合的特殊优势，与其他经济组织相比，农村集体经济组织在与政府对话过程中更具有话语权。

农村合作社属于公益性质或互助性质组织，通过创建农民合作社，吸纳贫困群众，为贫困群众脱贫致富提供了组织载体。随着农民合作社不断发展壮大，其组织化程度越来越高，并成为解决农村贫困问题的有效措施。在后扶贫时代，农村合作社也扮演着重要角色，成为长效扶贫背景下农村产业扶贫的重要抓手。当前农村合作社在脱贫攻坚中扮演着重要角色，但面临着激烈竞争农民合作社内部也发生了深刻变化，特别是随着现代信息技术的发展，农民合作社成员的异质性增强，不同合作社成员都希望通过合作社获得更多利益，增加了农民合作社的管理难度。加之我国农民合作社还处于探索阶段，发展层次相对较低，规模相对较小，很多农民合作社只是为了套取国家政策或财政红利。因此部分合作社属于"空壳"性质，难以发挥出农民合作社的示范带动作用。

加之不同主体所成立的农民合作社在组织架构、管理者能力素质、成员文化水平都存在着一定差异，农民合作社的发展壮大困难重重。

农民合作社在发展过程中的薄弱环节，恰恰是农村集体经济组织的优势，二者具有互补性。这也说明，农村集体经济组织与农民合作社的深度融合具备先决条件。通过农村集体经济组织与农民合作社的深度合作，可以摆脱农民合作社政策支持不稳定困境；借鉴农村集体经济组织管理优势，有助于降低农民合作社交易成本；借助农村集体经济组织的土地资源配置优势，有利于推动农民合作社规模化经营。通过双方取长补短，使农村集体经济组织和农民合作社成为当前农村经济发展的"领头雁"。通过农村集体经济组织与农民合作社的深度融合，实现集体经济组织资产在农民合作社内部的增值。有效缓解农民合作社在发展过程中的资源短缺问题和融资难问题，促进农民合作社业务增长和盈余空间，以集体股作为纽带，农村集体经济组织成员也能够有所受益。

二、融合发展的实现路径

农村集体经济组织与农民合作社融合发展符合时代发展趋

势，是推动农村经济社会发展有效形式，是增加农民收入的重要保障，是实现乡村振兴的有效抓手。因此，新时期必须为农村集体经济组织与农民合作社的融合发展找到可操作路径。一方面，政府要从宏观层面入手，加强顶层设计，明确农村集体经济组织法律地位，并出台相关政策机制，支持农村集体经济组织与农民合作社的深度融合，双方要本着自愿、平等、公平原则订立书面协议，约定双方权属关系和合作内容。另一方面，建立长效机制、利益分配机制、风险分担机制，从制度层面入手，规范农村集体经济组织与农民合作社发展，各地区要加强对农村集体经济组织与农民合作社融合发展的组织领导。针对当前农村集体经济组织与农民合作社融合发展存在的具体问题要出台具体办法，总结农村集体经济组织与农民合作社融合发展经验，为其他地区开展此类工作提供借鉴。

（一）农村集体经济组织与农民合作社融合的规范发展

规范发展是持续、健康发展的前提。第一，重视农村集体经济组织立法工作，明确农村集体经济组织权限，为解决农村集体经济组织历史问题提供相应法律保障。国家应围绕农村集体经济组织发展开展相关立法工作，为农村集体经济组织发展提供具有可操作性的统一的法律规则，推动农村集体经济组织发展的规范化和科学化。在完善相关法律框架的基础之上，明确农村集体经济组织及成员边界，为农村集体经济组织与农民合作社融合发展提供具体法律保障。第二，积极推进农村合作社规范化建设。各级地方政府要充分认识到农民合作社发展的重要意义。农民合作社建设不仅体现在数量层面，更应体现在质量层面。各地区应按照国家相关政策要求，细化农民合作社成立标准及相应门槛，对本地区农民合作社进行摸底调查，了解当前农民合作社发展的具体情况。对于一些只有"空壳"，没有实际成员和具体合作项目的"空壳"合作社要坚决取缔；对于没有达到一定规模，难以为合作社成员增产增收的合作社要分类处置；对于发展潜力大、内部规章制度建设全面系统的合作社要给予一定的支持。通过对合作社分门别类指导，进一步提升农民合作社的规范化水平，为农村集体经济组织与农民合作社的深度合作创造有利条件，增强农民合作社与农村集体经济组织融合的兼容性。

（二）农村集体经济组织与农民合作社融合的长效运行

很长一段时间，农村集体经济组织仍然是农村经济发展的主力军，因此农村集体经济组织与农民合作社的融合发展未来不仅前景广阔，而且必将担负起繁荣农村经济的重任。

第一，建立和完善农村集体经济组织与农民合作社的利益共享和利益分配机制，二者作为农民共同参与的农村经济组织形式在合作过程中，只有明确利益共享机制和收益分配机制，才能够避免双方因利益产生矛盾和纠纷。按照双方合作约定，由农村集体经济组织与集体经营性资产和政策支持性资源与农民合作社进行合作，双方在合作过程中对于盈余分配规则要加以明确，尽量按照平等分配原则来执行，同时对于可能承担的经营风险，也应由双方共同担起责任。

第二，建立农村集体经济组织与农民合作社长效运行机制。农村集体经济组织与农民合作社在合作之后会尝到"甜头"，因此除了适当延长合作期限外，还应该从宏观制度层面入手，完善相应的长效运行机制。一方面，强化持续性收益分配机制。农村集体经济组织在与农民合作社合作过程中要根据每年生产经营情况为农村集体经济组织成员进行分红，在分红过程中应坚持普惠与特惠相结合原则，保障相对贫困群众持续性地享受产业发展红利。另一方面，地方政府应对农村集体经济组织与农民合作社进行考核监督，明确农村集体经济组织与农民合作社在合作过程中的具体问题，并以此作为导向，帮助农村集体经济组织和农民合作社量身定做发展规划，提高农村集体经济组织与农民合作社的合作质量。

（三）农村集体经济组织与农民合作社融合的组织保障

组织保障农村集体经济组织与农民合作社有效合作的基础。

第一，强化对农村集体经济组织与农民合作社的政策支持。地方政府可设立专项资金，支持农村集体经济组织与农民合作社的深度合作。整合涉农资金，成立农民合作社与农村集体经济组织发展专项基金，为农村集体经济组织与农民合作社发展提供融资担保、贷款补贴等服务。

第二，在税费减免方面也要对农村集体经济组织和农民合作社给予一定照顾。加强政策协同，将农村集体经济组织与农民合作社融合发展作为乡村振兴的重要组成部分。在政策支持方面，将与乡村振兴相关的政策与农村集体经济组织和农民合作社融合发展有机结合起来，强化政策整合力度。

第三，构建农村集体经济组织与合作社协同机制。一方面，明确农村集体经济组织与合作社合作的股权关系和权责界限，形成分工合理、各司其职的合作机制，农村集体经济组织主要负责集体资源开发投入、服务集体成员、集体资产管理；而农民合作社主要负责项目运营管理。通过明确核心职能和权责边界，防止后续合作出现矛盾。另一方面，规范农村集体经济组织和合作社内部治理，指导合作社建立更为完善的组织架构，落实好相关制度规范。积极支持农村集体经济组织内部治理体系建设，定期对农村集体经济组织资产进行排查。此外，建立协商机制，在坚持公平、公正、平等的基础之上，对涉及农村集体经济组织与农民合作社共同利益的重大问题上要通过协商方式加以解决。

总之，积极探索农村集体经济组织与农民合作社的深度合作，规范农村集体经济组织与农民合作社建设，明确农村集体经济组织内部架构和集体经济组织资产，为下一步合作提供先决保障。双方在合作过程中，既需要国家的宏观政策支持，也需要在实践中不断地总结经验，形成能够适合双方的利益分配机制。

第十章　农民合作社的经营管理

第一节　农民合作社生产管理

一、农业标准化生产

标准化，指在一定范围内为获得最佳结果，对实际潜在的问题制定共同规则的活动。农业标准化是以农业生产为对象的标准化活动，即遵循"统一、简化、协调、选优"原则，通过制定和实施一系列标准，把农业产前、产中、产后各个环节纳入标准生产和标准管理的轨道。农业标准化生产，就是通过把先进的科学技术和成熟的经验组合成农业标准，推广应用到农业生产和经营活动中，把农业的整个生产经营过程纳入标准生产和标准管理，生产量多质优的农产品，从而取得经济、社会和生态的最佳效益，达到高产、优质、高效的目的。农业标准化生产集先进的技术、经营、管理于一体，以市场为导向，建立健全规范化的生产、加工、流通的工艺流程和计量标准，使农业发展科学化、系统化，从而提高农产品质量，增强农产品市场竞争能力，提高农业经济效益，增加农民收入，并逐步实现农业现代化。

农产品质量认证是农业标准化生产的核心内容。我国农产品质量认证起步较晚，但发展较快。在农产品质量认证体系的建立过程中，既借鉴了国际通行做法，又充分考虑了我国现阶段农业发展的水平、农业管理体制的特点和农产品质量的安全状况等。

二、生产经营计划的制订

生产经营计划是指农民专业合作社在一定时期内，以市场为导向，根据合作社内、外部环境和条件的变化并结合当前与长远的发展需要，合理配置人力、物力和财力等各项资源，全面筹划合作社的各项农业生产经营活动以达到预期目标。

(一) 生产经营计划的内容

1. 市场调查与预测

合作社的生产经营活动应以市场为导向，因而合作社在制订生产经营计划时，首先要进行市场调查与预测，确定生产经营战略目标，并拟订具体的生产经营方案。

市场调查与预测主要包括市场区域及其特征、市场容量、目标市场、目标消费群体、本社产品的市场地位、竞争者产品的市场地位、可能面临的各项风险（自然风险、市场风险、经营风险、财务风险等）以及风险发生可能性的大小等。

2. 产品计划

产品计划是指通过调查研究，在了解市场、消费者需求、竞争对手、风险以及市场和技术发展动态的基础上，根据合作社自身实际情况和发展方向，制订出可以把握市场机会、满足消费者需求的产品计划。产品计划的内容包括产品种类、数量，产品质量标准等。

3. 生产计划

产品计划确定后要进行生产计划。生产计划是在产品生产过程中，依据产品计划对所需生产设备、设施、农资、技术、资金、劳动力等方面的要求以及对生产进度进行整体规划。主要是要解决合作社如何开展生产活动、如何保证产品质量以及生产周期长短的问题。生产计划主要包括预计生产所需的农资或原辅料、农资或原辅料的采购计划、生产场地、生产设备、质量保证、生产技术要求、劳动力分配、生产进度安排、长期增产计划、人员与机械设备补充安排等。

4. 销售计划

销售计划是指合作社综合考虑自身的发展和现实市场行情制订的针对部门、人员的关于某一时间范围的销售指标（数量或金额），以此为标准来指导相应的生产作业计划、采购计划、资金筹措计划以及相应的其他计划安排和实施。制订销售计划，必须遵照以下基本原则：结合本合作社的生产经营情况；结合市场的需求情况；结合市场的竞争情况；结合上一销售计划的实现情况；结合销售队伍的建设情况；结合竞争对手的销售情况等。

依据上述原则，合作社确定生产的产品种类、目标市场及目标消费者等，随后可制订销售计划，主要内容包括决策产品的销售价格与数量、拟定营销成本上限、选择营销渠道、选择营销传播方式、分配营销人员、制订营销管理方案等。

5. 财务预算

财务预算反映了合作社在未来一定预算期内的预计财务状况和经营成果，以及现金收支的价值指标。财务预算应对合作社生产经营所需的全部资金进行全面详细的量化、分析，制订出资金的需求和使用计划。计划制订时要分项列出土地的租赁费用、建设仓库或厂房的总造价、生产设备的总投资、生产经营中各种投入品的价格与数量、生产流动资金、生产经营与管理中人员的工资、生产经营中应缴的各种税费、生产经营的期间费用等。财务预算要对合作社生产经营所需要的全部资金进行分析、比较、量化，制订出资金需求和资金分阶段使用计划。制订财务预算计划要尽可能做到细致、准确、全面，不漏项、不低估、不高估。分阶段资金使用计划要详细，还要适当考虑一些不可预见的因素。有条件的合作社可以进行财务预算分析，其主要内容包括生产费用预算、期间费用预算、直接材料预算、直接人工预算、产品成本预算、制造费用预算、期末存货预算、经营决策预算、销售预算、管理费用预算、现金预算分析。

（二）生产经营计划制订中应注意的问题

（1）计划应符合合作社生产经营的内、外部现实条件。在制订计划时，首先要对计划是否适合合作社生产经营的内、外部条件进行分析，内容包括合作社所在地的自然条件是否适合合作社开展生产经营计划、当地政府的态度、生产经营计划所需资金能否获得、合作社成员是否团结、计划是否能顺利实施等。总之，在制订生产经营计划时，要做到心中有数、计划要符合实际，要切实可行。

（2）生产经营计划的制订要根据合作社的实际情况，适时论证、调整。论证、调整时应依据合作社生产经营的情况，回答以下几个方面的问题：本计划的制订时限是否还适当，本计划所需人力、物力和财力资源是否还能获得，本计划还能否筹到全部预算所需资金，本计划在财务上还能否实现盈利，本计划在操作上是否还可行等。上述问题概括起来，可以归纳为3个方面：一是生产技术；二是市场因素；三是财务能力。其中财务能力，即生产盈利的可行性问题，是整个生产经营计划的核心。其他方面的问题都围绕此核心，并为此核心提供各种计划方案。合作社生产经营中常常会遇到不可测或不可预见的问题，因而生产经营计划应有替代方案来化解潜在的各种风险。如合作社的能力弱，尚不能完成生产经营计划及替代方案的制订，可进行专业咨询。专业咨询是指向提供专业知识服务的机构（或个人）就某专业领域里的具体问题进行咨询。一般应咨询有关农业生产领域的咨询机构，如当地农业农村局、农业或农机学校、农技推广专家等，除采用答复式咨询形式外，也可向咨询机构提出申请，促其举办相关合作社生产经营及管理的专业培训班或编辑出版各种书刊资料进行宣传指导，或者申请由该咨询机构代理某些专业服务，如替代方案的制订等。

（3）生产经营计划制订要因势利导、量力而行。合作社要根据自己的实际情况，综合考虑经营计划，因地（时）制宜、稳步推进，不要把计划经营的摊子铺得过大。要脚踏实地，稳扎稳打，一步一个脚印地把生产经营计划完成。要先进行计划的小规模实施，然后循序渐进、逐步推进、量力而行，从而为合作社的发展壮大打下坚实的基础。

（4）生产经营计划制订要有合作社自己的特色。制订生产经营计划时，要充分利用合作社自身及其所在地的资源禀赋，要有区域特色，同时还要有合作社自己的特色，产品要有一定的科技含量，要有一定的创新，这样生产经营计划有合作社自己的特点，有一定的优势，计划才能达到实效，否则在激烈的市场竞争中，合作社会很难存续下去。实践中，许多成功的生产经营计划不仅突出了当地的农业特色，而且突出了合作社自己的特色，并且具备系列生产或经营的专门技术。

（三）生产经营计划的实施

1. 筹集资金

合作社在实施生产经营计划之前，需要筹备所需资金，资金是生产经营计划的物质基础，也是生产经营计划成功实施的必要保证。合作社资金的主要来源是社员入社时缴纳的股金，但仅靠社员缴纳的股金不足以满足合作社生产经营所需，因此可向银行、农村信用社等金融机构融资以筹集足够资金。此外，还可通过向政府申请补助来筹集资金。

2. 组织人员

合作社明确了经营目标、经营模式，制订了生产经营计划,资金也筹措到位,下一步就要选择最佳的人员并对人员进行有效的组合。如果合作社有一个充满活力和凝聚力、具有协调性、开拓性和团结协作的团队,那么这个合作社就能极大地调动每个成员的工作积极性,就能顺利地完成各项生产经营计划。选择最佳的人员并对人员进行有效组合应遵循以下原则:第一,精简、高效、节约原则。选择人员时要精简,组合人员时要能提高工作效率。完成计划时要节约合作社的管理、运行成本,要简化管理层次和简化业务手续,使得计划得以顺利高效地完成。第二,风险共担、利益共享原则。计划实施过程中,可能从事合作社生产经营的经验不足,难免在激烈的市场竞争中出现差错、遭受损失,成员应有充分的心理准备。成员之间要做到共进退、同甘苦,要形成凝聚力,这样才能在激烈的市场竞争中立足,赢得市场,获得收益。第三,坚决执行计划原则。计划一旦被社员大会认可,就要坚决执行,过多地考虑亲情、友情、人情,那么一切制度就会被束缚,花了人力、物力、财力制订的生产经营计划就相当于一张废纸。

3. 选择经营场地

经营场地的选址定位对于合作社的生存发展至关重要,所处地理位置在某种程度上影响着合作社能否成功经营。选址时应综合考虑几方面:能否供水、供电、供气;通信以及交通是否便利;所选区域的自然地理环境是否有利于合作社开展生产经营活动;选址离消费市场的距离是否合理;场地租金是否划算等。

4. 经营准备

根据计划制订生产工作规程;购置生产经营活动所需的生产设备、原辅料、农资等生产资料;开展生产经营活动前,对全体社员统一进行入职培训;根据合作社的生产经营业务设置相关生产与管理工作岗位,配备工作人员,对工作内容进行分工，明确各工作岗位的权责。

第二节 数字化赋能农民合作社营销新发展

以数字乡村建设为背景，数字经济和第一产业会更加深入融合，从而为合作社营销创造出更多发展空间，数字化将帮助农民合作社重组各种市场要素资源，改变原有的竞争格局。因此，农民合作社应抓住国家推进农村千兆光网、5G、移动物联网建设的契机，在数字乡村战略驱动下，发展智慧农业，以数字化赋能传统营销方式升级为抓手，加快实现新一代信息技术与农业生产经营的深度融合，实现农民致富、推动农村产业升级。

一、建设合作社营销数据库

合作社营销数据库应包括产品智能生产信息、目标市场信息、产品销售管理信息、物流及服务信息等内容。合作社利用线下、网络社交和销售平台，合规留存消费者购买、行为、反馈等相关信息，逐步积累建立目标市场数据。数字化改造合作社产品销售管理模式，利用大数据、物联网，科学推测市场需求趋势，严控生产和销售各环节，提升合作社营销效果；合理安排产品品种、库存，及时跟踪物流信息，建设合作社内部成员共享、各模块数据相互协作的数据平台。对接政府数字化物流基础设施、农业大数据平台和数字化、智能化系统建设等数字乡村建设，纳入到合作社营销数据库。合作社要积极利用互联网、大数据、区块链等实现数据资源化，关注市场需求变化，预测需求趋势，坚持创新驱动，资源整合，将数字技术应用到农业的生产、经营和管理等各环节，推动合作社产品链和价值链共同发展，实现供需有效对接。

二、利用新媒体营销

"互联网+"背景下，合作社运用大数据，分析目标市场的媒体使用偏好，进行精准推送，媒体要素全方位整合，让合作社"美名远播"。要做到全媒体宣传品牌，需要沉淀品牌资产，整合合作社网站、社交网络平台、电商平台、短视频等平台，提高品牌宣传触及率。首先，制作和完善合作社网络媒介。数字经济时代，消费者习惯于从网络上搜寻合作社相关信息，自建 App、网站、微博、微信公众号等成为合作社宣传的重要渠道。消费者通过便捷的信息获取方式，了解合作社的宗旨、品牌理念、经营范围和状况、新闻动态等，形成对合作社的综合评价。合作社要建立通畅的沟通渠道，及时反馈消费者需求。其次，对消费者媒体使用偏好进行调查，针对性设计各媒介投放内容进行促销。合作社要根据产业、产品和目标市场特点等进行网站及社交平台内容设计，专人维护，保证内容更新频率。合作社开通社交平台和短视频网站账号，采用直播带货促销，与消费者持续互动。一是拍摄农产品生产过程，生产过程透明化，把绿色生产理念传递给消费者；二是产品效用、使用方法、储存技巧等信息传递，应以产品为媒介，为消费者普及行业知识；三是制作合作社举办活动新闻、视频等，劳动教育日常化，行动中要蕴藏可持续发展理念。最后，在使用传统媒体的同时，要注意与新媒体的结合，文中图片可附合作社链接或二维码；利用传统展销会促销时要注意内容营销、短视频等综合使用。

三、建设数字化渠道

数字化时代，合作社的渠道发挥两个方面的作用，一方面是作为内容媒体，开展内容营销；另一方面作为电商渠道，满足消费者即刻购买需求。强化数字化人才队伍建设。合作社要抓住各级政府发展数字乡村建设的机遇，积极参与政府牵头的本土化电商运营服务、电商新型人才培训等活动，认真开展数字经济、网络营销、信息技术知识等内容的学习，培养一批懂电子商务运营，能够开展合作社网络营销渠道的人才。提高合作社成员数字素养，提升合作社数字化营销的能力。选择诚信度高的电商平台，建立与目标市场、品牌定位一致的线上渠道。积极发展直播营销、社群营销等方式，让农产品生产者和目标市场实现"零"距离沟通，提升合作社农产品生产者与消费者的信息沟通效率，营造消费情境，增强消费者的情感体验，降低成本，增加消费者黏性。利用物联网、大数据等，加强加工、仓储、物流能力建设，完善冷链设施，实现仓储物流透明化，提高售后人员的服务能力，畅通沟通渠道，不断优化网络营销渠道。

第三节　农民合作社人员管理

一、社员的教育与培训

（一）教育与培训的原则

教育与培训要注重实效，不要走形式。所谓实效，简单地说就是要在最短的时间内达到最好的效果。合作社教育与培训的对象包括普通社员与合作社管理人员，普通社员的培训以农产品生产技术为主，合作社管理人员的培训以合作社经营管理知识和政策法规为主。结合合作社自身的特点规划自己的专业设置和课程体系，明确合作社教育培训的承担机构并加强联系，确保合作社教育培训工作长期、有效、持续地进行。

合作社的教育培训要与合作社当前的生产经营及未来的发展相结合，做到有组织、有计划，重要的学习内容可随时安排培训、学习。教育与培训要有考勤和测试，对学习成绩优秀者给予一定的物质奖励，对不积极者给予一定的处罚。通过教育培训，不断提高成员的互助合作精神，推广先进的生产技术，同时提升成员的市场意识、增强市场参与能力，最终提高合作社生产经营效率及成员的收入水平。

（二）教育与培训的方式

合作社教育是为合作社事业的发展服务的，教学上应突出其有效性与实用性。通过灵活多样的教学方式，如案例教学、田间教学、现场教学等，鼓励学员参与讨论、交流和进行实践，提升教学效果。具体的教育与培训的方式有以下几种。

（1）实例教学。

（2）田间教学。

（3）生产现场教学。

（4）集中培训与个人自主学习相结合。

（5）专题学习培训与广泛参与培训相结合。

方法上可以采取短期进修、参观考察等多种灵活的形式，鼓励社员参与讨论、相互交流和进行实践，提升教学效果。适当考虑推行资格认证制度，对合作社理事会、监事会、经营管理层人员逐渐采取资格认证上岗制度。

当前，我国具有多种可利用的农业教育培训资源，包括高等农业院校、农业广播电视学校、农业职业技术学院、供销合作社系统院校以及农业干部教育培训体系的院校，可以聘请这些学校的专业教师或研究人员为合作社提供教育培训服务，也可以组织学员到这些院校进修。此外，还可以组织学员到优秀的合作社参观考察，取长补短，学习别人的先进经验可以少走弯路，实现快速发展。

（三）教育与培训的内容

（1）农民专业合作社的发展历程。

（2）国外农民专业合作社的发展及成功经验。

（3）农民专业合作社的基础知识。

（4）农民专业合作社的章程与管理制度。

（5）农民专业合作社的经营运作。

（6）农民专业合作社的金融与信贷。

（7）农产品市场营销和农产品贸易。

（8）农业生产及种养技术。

（9）国内农民专业合作社的典型案例（成功与失败案例）。

（10）农民专业合作社的法律法规政策及其最新动态。

（11）涉农法律法规。

（12）法律维权知识。

（13）农产品品牌建设。

合作社教育的目的旨在提升合作社自我发展能力和市场竞争能力。综观各国合作社教育的内容，既包括合作意识的培养、合作社知识的了解，又包括合作社管理、合作社经营等方面的知识与技能，还包括市场营销、现代农业技术等增强合作社竞争能力的内容。如韩国农协根据不同的职能和培训对象，开办了技术教育、文化教育、素质教育等各种类型的课程和培训班，教学内容主要是经营管理、农产品流通、金融信贷、农协组织管理、新兴农业生产技术、家政知识、健康知识、汽车修理等，学员毕业后到农协基层组织中去任职，极大地提高了合作社的专业技术管理水平。美国合作社教育的内容重点是增强人们对于合作社原则和实践的理解，将合作社的组织原则在农村各类事务中更广泛地应用。此外，还特别注重提升合作社领导人、雇员以及社员制订商业计划的能力；不断提升合作社财务运营能力和市场营销水平，最终实现增强合作社实力、提高成员收入的目的。

我国的合作社教育培训大多还处于起步、探索阶段，还不能做到像发达国家那样规范且成体系，合作社的教育与培训首先要解决最紧迫的问题。就当前合作社发展的内、外部环境来看，合作社的教育与培训要以提高农产品生产技术为主，要逐步实现标准化生产，要生产出安全、高质的农产品。此外，合作社管理人员的培训也是一项重要的内容，培训要以合作社生产经营管理知识和政策法规以及农产品市场营销为主，并逐渐与合作社金融与信贷、农产品贸易、国外合作社发展介绍等方面的教育培训内容相结合。

二、加强社员大会建设，才能有效维护广大社员的利益

推行"龙头企业+合作社+农户"的模式发展农业合作社。龙头企业根据市场行情和加工需求量，与合作社签订合同（一年一签），收购其生产的初级农产品。双方合作中，龙头企业凭借自身资金、技术等方面的优势，向合作社提供资金、技术服务的同时逐步控制了合作社的生产经营，把持合作社的决策与管理权，为了自身的利益，低价收购初级农产品，高价提供生产资料，蚕食合作社成员的利益。同时合作社社员大会建设不完善，全体成员形同"一盘散沙"，各人只顾自己的利益，结果导致龙头企业侵害社员利益的事件经常发生。为了维护全体社员的利益，合作社几个牵头大户提议召开了社员大会，全体社员就如何解决龙头企业肆意压价、独揽大权等问题进行讨论，形成了统一的意见，即要将社员大会制度逐步健全并完善起来，大家"心往一处想，拧成一条绳"，同心协力维护自身的利益，并提出今后合作社的重大生产经营活动需由全体社员共同协商决定，实施并贯彻民主管理、民主监督、民主决策合作社运营重大事宜的基本制度。此后，合作社所有初级农产品的最低销售价都由全体社员共同商议，经社员大会决议通过，社员大会选举出社员代表，由社员代表与龙头企业协商，龙头企业如不能接受协商结果，则不再续签合同，将另找其他企业或批发商；龙头企业如能接受，社员代表将监督签订

购销合同的各项事宜，以免龙头企业违规或违约操作。社员大会将全体成员团结起来，用教训事例说服全体社员积极参与合作社的各项生产经营活动，同时建立和完善社员代表制，加强对合作社生产经营全过程的监管。社员代表可对产品的销售进行全过程监督，全面了解合作社的业务收入状况。社员代表定期审阅合作社有关事务和财务资料并及时公示，合作社激励社员就财务核算问题参与讨论分析，并提出意见，经社员大会归集形成统一决议，这样合作社的成员通过社员大会逐步控制了合作社，不再受龙头企业的支配。由于社员大会如实表达社员意愿，代表社员充分发挥民主决策权，扭转了由龙头企业掌控合作社的局面，维护了广大社员的权益。

三、理事成员的能力对合作社的健康发展至关重要

理事会是合作社内部治理的主要机构，对内管理合作社事务，对外代表合作社进行经济活动。因此，理事会的经营管理、市场营销能力与奉献精神等在很大程度上决定着一个合作社能否在激烈的市场竞争中生存与发展。由于理事会由理事组成，因而理事们的经营管理能力、是否具有奉献精神等对合作的社发展至关重要。

四、健全、完善监事会制度有利于维护社员的合法权益

为了防止理事会、经理滥用职权，损害合作社和广大社员的利益，社员大会需要选出专门的监督机构，代表社员大会行使监督职能，这个监督机构就是监事会。监事会对社员大会负责，对合作社理事、财务以及经理履行职责的合规性进行监督，以维护合作社及广大社员的合法权益，因而监事会的构建与完善对合作社的持续运行、健康发展具有十分重要的意义。

例如，龙头企业计划利用这些土地来开办有机种植农场，建设有机种植基地。土地出租过程中，为了防止理事会可能出

现的违规行为，确保广大社员的权益不受侵害，按社员代表大会的决议要求及社章的规定，监事会要求理事会向其报告合作社土地出租合同的签订、执行情况、租金到账情况及盈亏情况等。与此同时，监事会还加强了以下几方面的工作：指派一名监事全程参与土地流转手续的办理过程，重点监察流转手续是否齐全，办理程序是否符合规定；定期检查已出租土地的各类转包文件是否齐全合规，目的是防止理事长、理事利用职务之便谋取私利；监察龙头企业是否按合同规定的范围承租土地；社员的收益分配是否合理、合规；定期审计土地租金是否按时到账，到账金额是否合理入账；若未收到租金，监督理事会出面与承租企业协调追款。若发现理事会有任何违规操作行为，监事会向社员大会汇报并由大会提出整改办法，情节严重的将解聘理事长或理事。监事会全程监控了本社土地的出租过程，在严格的监督管理下，理事会严格按照计划出租土地，保证了合作社及社员的权益不受损害。由此可见，合作社在经营过程中，需要强有力的监督机构对重要经营事项进行全程监管，以维护合作社与社员的合法权益。

监事会是否设立，其制度是否完善，其职权是否充分发挥，对合作社的正常生产经营与管理起着重要支持作用。只有在监事会充分发挥其职能的情况下，理事会、经理滥用职权的行为才能被有效地杜绝，合作社及其社员的合法权益才能得到有效的保障。

第四节　农民合作社风险管理

一、生产经营风险的识别

生产经营风险是指合作社在一定时期内和一定客观条件下，生产经营过程中某种损失发生的可能性。合作社在生产经营活动中，会遇到各种不确定性事件，并且难以事先预知这些事件发生的情况及其影响程度，从而导致合作社出现损失的可能性。

生产经营风险产生的原因及其种类。合作社的生产经营活动受自然条件、市场经济、社会环境、技术等因素影响，合作社生产经营中将会面临自然、市场、社会、技术等方面的风险，即自然风险、市场经济风险、社会风险和技术风险等。

二、生产经营风险的防范

（一）加强自然风险防范能力

提高水资源、土地资源的利用率，加强农业生产、水利工程等基础设施的建设，增强抗涝抗旱能力；同时加强与气象部门的联系，设立多渠道农业气象信息传播途径，做好农业自然灾害的防御工作。

（二）提高组织化程度，降低市场风险

目前多数合作社仍处于发展的初级阶段，发展规模小，农户参与率低，生产方式仍然停留在生产链条的最底端，市场谈判地位的提升空间受限，在市场竞争中不具备明显竞争优势，难以防范瞬息万变的市场风险。因而需要不断提高合作社的组织化程度，将更多分散的农户组织起来，实现规模经济，降低生产经营与市场运营成本，增强市场竞争力，提高市场谈判能力，从而有效降低市场风险。同时，随着组织化程度的提高，经营规模的扩大，实力的增强，合作社将更有条件引进新技术与新设备，提高合作社生产经营效率，降低单位产品的生产成本，增强市场竞争力，也能在一定程度上降低市场风险。

（三）加强技术培训，降低技术风险

由于绝大多数社员文化素质不高，缺乏对标准化、规范化生产的认识和了解，合作社可通过培训来提高社员的生产技

能，增强社员的产品标准化生产意识，彻底摆脱长期以来形成的传统农业的生产方式和方法的影响，让社员切实掌握先进、实用的生产技术，从而有效地开展产品标准化、规范化生产，以降低技术风险。

关于培训，合作社可多与当地相关部门联系，以获得这些部门的技术培训指导。通过技术培训指导，合作社可逐步形成一套适合自己的生产经营规程，并确保各项操作规程落到实处，实现有效、安全地生产，尽最大努力消除风险隐患。安全生产中提高技术与设备的利用率与经济效益，最大限度降低技术风险。

第十一章　农民合作社的财务管理

农民合作社的财务管理是在一定的目标前提下，对企业资本进行合理配置、按照法律法规处理财务关系和组织财务活动的一项企业经济管理工作。财务管理主要工作是资金的筹集、资产的购置、营运资本和盈余利润的分配管理，其目标是通过组织和控制资金，提升资金运转过程中的使用效率，达到企业利益的最大化。

由于农民合作社是针对农业生产者和经营者之间的互帮互助型经济组织，不同之处在于遵循以市场经济为前提组织开展财务管理工作，其目标为获得合作社资金的最优处理方式，保护合作社内成员的最大利益。

第一节　乡村振兴背景下农民合作社财务管理的现实意义

随着乡村振兴成为实现新时代中国特色社会主义进程中的关键环节，乡村振兴战略的实施推进农村经济高速发展，农民合作社的建立与经营管理也成为重点问题，因此持续实现农村经济转型快、转型好，农民合作社财务管理工作就显得尤为重要。

一、帮助农民实现增收

农民合作社关系着农村经济的协调可持续发展，农民的经济收入是农村经济高质量发展的基础保障。农民合作社财务管理工作就是农村经济深度改革的必要环节，通过优化资源配置、加强成本管控和资金运作，可以提高农业生产效率，完善内部控制机制，加强民主监督和权益保障机制，帮助农民增加收入，保护合法权益。重视合作社的财务管理工作，严格落实财务管理工作细则，可以降低财务风险，充分调动农民积极性，建立收益激励机制，帮助农民持续增收，促进乡村振兴。

二、防止集体资产大量流失

农民合作社属于集体经济组织，其资金的使用与企业财务管理相似。通过农民合作社的财务管理工作，可以规范合作社的会计核算和财务审计制度，保障各项财务活动的有序开展。努力盘活循环利用资产，对集体资产使用和处置进行重点管理，避免合作社的集体资产流失，有利于乡村振兴走向新的发展阶段。

三、有助于廉洁工作建设

农村地区的监督机制有待完善，村干部存在贪污受贿现象，会引起较大的财务风险，导致乡村振兴战略无法高质量完成。实施农民合作社财务管理工作，能够保障基层干部依法合规办事，稳走廉洁道路，提升农民的认可感，增强基层组织的凝聚力，和谐稳定发展农村地区集体经济，保证乡村振兴战略有效落实。

第二节　优化农民合作社财务管理的对策建议

一、完善内部控制机制

乡村振兴背景下，有效开展农民合作社财务管理工作，就必须完善内部控制机制，明确合作社内财务制度准则规范和管理流程，保证财务管理工作的规范化和科学化，避免违法乱纪的行为出现，从而更好地提高农民合作社的财务管理水平，为合作社融资和政府扶持奠定基础，提高农民合作社的价值，推动农村经济向好发展，更好地实现乡村振兴战略。

（一）完善会计核算监督制度

针对农民合作社会计核算方面的问题，合作社账簿的会计科目应根据实际经营情况而定，保证原始凭证、记账凭证、财务报表的编制规范化，对所发生的业务分门别类入账，准确反映合作社财务状况。并且应当及时统计和整理各种有关经营状况的财务信息以及会计信息，做好收账和对账工作，对资金的使用情况进行纸质版和电子版准确记录，严格按照财务管理的流程使用，防止出现贪污腐败造假账、做坏账现象。针对农民合作社会计监督方面的问题，在合作社内应设立监督部门，明确该部门的工作职责和权限义务，统筹好合作社内部资金需求，对各项财务活动支出及使用情况严格把关，严格按照章程办事。监督部门应当约束各部门有关财务的工作，定期审查支出资金是否合理运用到项目中去并达到预期标准，收入是否记录完整，将财务公开透明化，保障每位成员的知情权。但是，仅仅依靠监督部门力度还是不够的，还要及时更新监督人员的专业知识，改善农民合作社整体的内部控制机制；对合作社各部门成员都树立资金成本管理意识，与工资考核挂钩，调动成员正确管理资金积极性。

（二）完善财产清查制度

确保资产管理的规范性。首先，建立完善的资产清查制度，以确保资产的安全和有效利用。其次，应当对农民合作社所有的资产进行分类登记，定期检查资产使用情况，及时做好变更记录。对于固定资产的购入应遵循按需购入原则，使用中将其利用率最大化，在处置方面先将处置办法告知成员，听取成员意见后，按照处置方案将资产处理后及时填报备案登记，在这过程中也要充分发挥监督部门力量。对于流动资产，如果过多将会增加合作社财务负担，进而影响合作社的利润，存货应实行计划管理，保持一定数量的存货以备生产销售。资金要实行定量管理原则，编制预算，从而更好地识别投资机会。合作社应根据自身实际的经营状况和客户的可信度确定合理的赊销总量，并且应收账款拖欠时间越长越容易成为坏账，因此合作社要定期编制账龄分析表来监督应收账款，避免合作社造成更大的损失。对于财政扶持资金，在接受国家政策扶持资金时，应立即建立专门的会计科目，对每一笔支出都有明确的记录，对每一笔扶持资金使用情况都严格追溯是否实际应用。对于资产移交工作，合作社应当建立规范的财务移交制度，明确交接内容、核对方法和交接手续等内容，确保财务管理的连续性和内部控制的有效性。

二、规范盈余利益分配制度

农民合作社的本质就是实现集体和个人利益最大化，对此要保障盈余利益分配的合理和公开透明，提高盈余利益分配的公信力；建立合理的体系制度，使成员根本利益得到保障，同时又能够为合作社提供资金和技术的支持，提高社员的责任感，促进合作社健康发展推动农民合作社未来转型，助力乡村振兴。

（一）科学核算盈余

农民合作社不仅要重视未来发展问题，更要重视当前成员的利益。盈余分配应当按照实际劳动付出和股份占比情况相互结合确定具体核算标准，确定下来的比例应让成员充分发表意见后，再按照计划执行。使成员参与合作社盈余分配决策中去，提高他们的参与度和满意度。留存部分盈余利润，为合作社下一步扩张和改革提供资金支持，但是提高农民合作社整体利益增加的前提是要保障每位成员的利益增加或不变。对于盈余的分配可采取多种形式进行，调动成员积极性，逐渐完善股权结构。为保障成员的利益应当准确记录出资额、交易额和国家的财政补助收入，并且科学进行盈余利益计算后，平均地分配到合作社成员的账户作为年终分配盈余利益的依据。

（二）坚持成员民主权

由于农民合作社特殊的经营模式，首先应当让合作社的所有人学习《农民专业合作社法》，增加他们的法律知识储备，规范他们的行为，还可以定期组织开展知识宣传和教育工作，增强他们的合作意识和参与度；其次可以建立激励性质的盈余利益分配制度，让农民成为合作社真正的主人，有利于提高合作社凝聚力，以此呼吁大家将收入再重新投入合作社的发展中，有利于合作社的融资。

三、拓宽和稳定融资渠道

在乡村振兴背景下，农民合作社只有充足资金，才能保证其平稳发展。解决合作社资金短缺问题迫在眉睫，拓宽融资途径显得尤为重要，对此就要合作社内、外部融资与政府扶持政策相结合，逐步搭建合作社与金融机构桥梁，促进合作社有序发展，提高农村经济水平，助力乡村振兴战略。

（一）积极探索融资渠道

对于农民合作社内部融资，可以通过线上线下相结合的方式向成员宣传优惠政策，鼓励原合作社成员加大投资力度，吸引新成员自愿加入。对于合作社外部融资，金融机构偏好那些规模大、机制健全、偿还能力强的企业，对此合作社应当将自身资产结构、盈利情况和未来发展包装美化，还可利用大型商业银行提供的信用保证，博取更多的金融机构关注。地方银行不定期推出扶持小农专项的贷款项目，解决合作社短期资金周转难问题。

（二）加大政府政策支持

乡村振兴环境下，农民合作社向法治化道路迈进，针对合作社资金短缺问题，政府应出台一些针对合作社减免和补贴措施政策。如信用贷与政府的宏观调控息息相关的优惠政策、税收优惠政策。对于盈利高且管理规范的合作社政府可给予相应奖励政策，对于规范合作社整体运营趋势起到激励作用。政府还可以根据合作社的融资特点建立专属信用评级制度，金融机构开发创新金融产品，并使用必要的行政手段督促金融机构加大融资金额、加快融资发放速度，有效解决合作社融资问题，为合作社的发展提供动力。

四、强化财务管理队伍建设

农民合作社的财务管理人员决定着合作社的发展方向，对此农民合作社应当加强团队的建设工作。针对财务人员缺乏专业知识，可以采用成立培训班的方式，定期开展财务管理类知识、法律知识以及国家关于农业最新政策的讲解，提高财务管理人员的专业素质和会计监督核算水平，合作社也要对在岗管理人员定期考核，巩固知识储备水平，考核成绩与绩效工资挂钩；同时，还可以组织成员外出参观，加强合作社与合作单位及其他合作社的沟通交流，取长补短，不断提高自身的财务管理效率。针对合作社的选人用人机制，应当加大宣传力度，公开信息招聘有财务管理意愿的人员，然后组织报名人员参加专业知识的考核以及面试，优先考虑专业本领过硬和有相关工作经验者。可以有效杜绝熟人介绍、内部指定情况的发生，保证合作社选人用人的公平规范和质量。针对人才不优问题，合作社应当转变原有经营管理模式，完善绩效考核政策，留住本土人才；政府出台相关人才引进政策，提高外来人才输入。

第三节　农民专业合作社财务管理规范化

一、落实农民专业合作社财务管理制度与会计制度

2021 年 6 月 1 日起正式施行《中华人民共和国乡村振兴促进法》、2021 年修订了《农民专业合作社会计制度》、2021 年印发《农村集体经济组织财务制度》、2022 年修订并印发《农民专业合作社财务制度》（以下简称《财务制度》）。修订后的《财务制度》充分考虑了合作社的实际需求和市场发展的要求，使合作社在日常运营中更加规范和透明。同时，该制度对农业资产进行了更为细致和全面的分类和管理，有助于提高农业资产的价值和效益，更好地服务于农村经济的发展。首先，《财务制度》的引入对合作社的会计人员和委托代理记账公司提出了新的要求，合作社管理人员务必要求相关财务人员学习《财务制度》，为合作社成员提供相关培训和教育，使他们了解和掌握财务制度的内容和要求。培训可以涵盖会计基础知识、财务管理技能和内部控制意识的提升等内容，以确保成员能够正确理解和执行财务制度。其次，合作社管理人员要增强财务管理意识，同时要保持与合作社成员之间的良好沟通和密切合作，及时解答他们对财务制度的疑问和困惑。同时，定期组织会员大会或经营管理会议，就财务制度的执行情况进行报告和交流，增强成员的参与和共识。最后，建立完善的内部控制体系，包括制定明确的内部控制政策和程序，确保财务活动的合规性和准确性。内部控制体系应包括财务审批、会计记录、资产保护、风险管理等方面，确保财务制度的执行和落实。

二、合理规范农民专业合作社盈余分配

盈余分配对于一个合作社能否可持续发展是一个至关重要

的点，能够影响合作社社员的生产积极性和合作社接下来一年的融资和生产。有些合作社以按股分红为主分配，投入多，回报多，对于投资者来说，就比较有吸引力，但是对于入股时投资较少的社员又略显偏颇，辛辛苦苦地搞生产却得不到应有的回报，这会大大打击社员的生产积极性。而有些合作社以按交易量为主分配，交易多，回报多。如果以这个方案为主进行盈余分配的话，投资者并不直接从事生产，就无法与合作社交易，投资的话就得不偿失，这样会让合作社的融资陷入困境，从而没有资金来进行生产作业。当然，也有学者提出实用主义分配观，提出根据现实国情农情出发，建立本土标准，结合按股分红和按劳分配，以生产中资源要素的贡献来进行盈余分配的观念，突破了资本报酬有限原则。但是，这种方法容易变异为以按股分红为主，出现大股东侵占小农户权益，不利于保护普通成员的利益，造成合作社被资本控制。从目前的发展情形来看，学者们从多个方面不同角度提出了针对合作社盈余管理的改进意见。但是，对于合作社自身而言，每个合作社有每个合作社独特的生产特点和方式，所以各地合作社需要顺应当地的市场经济发展趋势，充分考虑当地的文化和习俗，并且在政府部门的指导下，严格遵守相关部门制定的法律法规，合理管理盈余，制定出符合科学、可行、易操作的分配方案。

三、相关职能部门加强对合作社的监管

农民专业合作社作为参与乡村产业发展壮大的主体，也是联农带农衔接产业发展链条的有效载体，并且享受着国家当下大力推行的乡村振兴战略的政策红利。每当国家出台新的优惠政策时，很多人都会为了套取补贴而钻政策的"漏洞"，这样就会不可避免地出现以套取国家资金为目的的"空壳"合作社，或者打着合作社的名义，实则牟取个人私利，甚至损害合作社以及其他社员的合法利益，给社会带来消极影响。

政府部门整合专门的合作社监管机构或部门，并加强相关人员的培训和专业素养提升。监管机构应有明确的职责和权限，负责对农民专业合作社的监督、检查和指导，确保监管工作的高效运行。该部门可以利用信息化技术建设合作社监管平台，实现对合作社信息的全面收集、整合和分析。通过数据监测和风险预警机制，及时掌握合作社的经营情况和风险状况，加强对合作社的动态监管。各个部门应该加强合作与协调，如农业农村、财政、农村金融等部门加强信息共享和协同监管，形成合力，提高监管的效果和效率。各地部门应该整合当地合作社信息，加强对合作社的监管，取缔"空壳"合作社，规范合作社财务管理活动，真正让合作社这样的新型组织健康运营起来，带动当地经济发展。

综上，在农民专业合作社财务管理的重要性日益凸显的背景下，本章探讨了农民合作社财务管理的相关问题和规范农民专业合作社财务管理的具体措施。通过保证合作社财务制度的落实、合理规范农民专业合作社盈余分配以及相关部门加强对合作社的监管，农民专业合作社可以有效提升财务管理水平，实现经济效益和社会效益的双重提升。

然而，也要认识到规范农民专业合作社财务管理是一个长期而艰巨的任务。财务管理的规范需要全体合作社成员的共同努力和不断学习进步。同时，政府部门和相关机构也应当提供更加完善的政策支持和培训指导，为合作社财务管理的规范化提供有力保障。

农民专业合作社是促进农村小农户与现代农业融合发展的中坚力量，正迈入高质量发展的阶段。因此，提升合作社的财务管理能力对于其自身的发展壮大、持续巩固脱贫攻坚成果、实现与乡村振兴的有效衔接具有重要意义。

第十二章　农民合作社的运行机制管理

第一节　农民合作社运行的激励机制

一、农民专业合作社薪酬激励机制优化的重要性

薪酬激励是组织中的员工通过个体不断努力工作而获取对等经济报酬的一种激励方法，它是与组织中每名员工切身利益都直接挂钩的物质激励方式。农民专业合作社薪酬激励机制是对农民专业合作社中有关薪酬激励制定、运行、反馈等各环节和要素之间的结构关系及运行方式的综合。在乡村振兴背景下，农民专业合作社在增强农民组织能力、提高农民收入、推动农村产业振兴、促进农业农村现代化中发挥着重要作用，因此，完善农民专业合作社薪酬激励机制具有十分重要的意义。一方面，农民专业合作社具有互助经济的特点，兼具经济属性和社会属性，相较于公司的股东，农民专业合作社社员往往既是合作社财产的所有者，又是合作社事业的直接参与者、受益者，完善其薪酬激励机制，激发社员的能动性，能够更好地发挥合作经济的效能。另一方面，农民专业合作社要想求得发展，必须通过优化薪酬管理体系，完善薪酬激励机制，发挥合作社薪酬潜力，使合作社员工得到劳动消耗的补偿，从而提高农民专业合作社的市场竞争力。

二、基于财务指标的薪酬激励机制创新设计

所谓"基于财务指标的薪酬激励机制"，是针对合作社薪酬激励机制中的目标设定、绩效评价、应用实施等环节进行设计，通过实施财务指标锚定、业务流程再造、员工考核评价、薪酬激励分配，将合作社经营目标分解传导至每名员工，使合作社经营目标与员工薪酬激励紧密融合，最终实现两者有机结合，建立以合作社经营目标为导向的全员薪酬激励机制。

（一）财务指标锚定

财务指标锚定是通过选取相关财务指标进行员工考核评价，将合作社经营目标与员工工作目标紧密结合，使两者相互联动、相互促进。选取需要锚定的财务指标，必须结合合作社的具体生产经营情况并进行适当的调整。合作社财务报告"盈余及盈余分配表"中"经营收益"指标是反映当期合作社经营成果的重要指标，以此为基础进行相应调整，即"调整后经营收益=经营收益-投资收益-管理费用"。"调整后经营收益"将决定合作社是否启动季度员工薪酬激励机制。每季度结账后，如果季度"调整后经营收益"为正值，则启动员工薪酬激励机制，反之则不启动。合作社启动季度员工薪酬激励机制后，按照一定程序计算员工薪酬激励工资总额。员工薪酬激励工资总额的计算以"调整后经营收益×系数"确定，根据初步测算，该系数比例以2%~3%为宜（具体数额可根据每个单位实际情况进行调整），比例过高会增加合作社人力资源成本，比例过低则达不到激励员工的效果。

（二）业务流程再造和业务单元重组

为便于对员工进行考核，结合合作社自身特点，应对合作社进行业务流程再造和业务单元重组。充分利用信息技术手段实现多种功能及管理的综合集成，重组建立全新的组织架构、

业务单元和业务流程，实现合作社经营的突破性改善。首先，成立合作社内部专门的改革小组，找出经营活动过程中的非增值项目及与之相关的部门，对其业务内容以及组织架构进行合理调整。其次，结合合作社具体情况对调整改造后的组织架构和业务流程与具体业务内容间的匹配度进行评估，并得出评估结果。最后，保留评估结果中匹配的内容，将不匹配的内容进行重新改造，直至所有业务和流程全部匹配。在具体实施时，根据合作社的组织架构、雇用人数和实际业务的不同，设置多个业务单元（组）。业务单元（组）作为经营目标分解、员工考核评价、薪酬激励核算的基础性单元，包括但不限于生产经营单元（组）和后勤辅助单元（组）。

（三）员工考核评价

在业务流程再造的基础上，合作社应对员工进行绩效考核与评价。对不同单元（组）、不同岗位，建立差异化的考核评价标准，设立不同的考核指标，分类别进行考核。主要从工作业绩、工作能力以及工作态度 3 个方面对合作社员工进行综合考核评价。工作业绩包含工作质量、工作结果、工作效率等；工作能力包括技术娴熟程度、创新能力、判断能力等；工作态度则体现员工的守纪情况、团队协作情况、工作责任心等。每月末对业务单元（组）内成员进行考核评价，季度末汇总出总分作为薪酬激励的基础。同时，在日常工作中要注重对合作社员工的绩效辅导，即与员工保持持续不断的沟通交流，及时传递合作社内部信息，最终有效提高合作社的组织绩效。

（四）薪酬激励分配

根据业务单元（组）的性质不同，进行分配的原则也不同：生产经营单元（组）以"模拟收益"为基础进行分配，后勤辅助单元（组）因其收益衡量较为困难，以比例分配为

主。首先，按照一定比例在生产经营单元（组）和后勤辅助
单元（组）之间进行一次分配；其次，在生产经营单元
（组）内按照当期的"模拟收益"比例进行二次分配；最后，
按照每月员工考核评价情况，在每个业务单元（组）内进行
第三次分配。3 次分配将绩效考核结果与个人利益有效结合，
一定程度上保证了员工个人表现与绩效激励的匹配，充分调动
了合作社员工的积极性和主观能动性。

三、农民专业合作社薪酬激励机制优化路径

（一）锚定多元化的财务指标体系

　　财务指标主要反映了合作社的财务状况和经济效益，往往
忽略了合作社的其他重要方面，如社会责任、品牌形象、创新
能力、客户满意度、企业文化等。为了克服锚定单一的财务指
标问题，合作社可以考虑锚定多元化的财务指标体系。首先，
合作社可以根据其战略目标和业务特性，根据不同的业务和策
略选取不同的财务指标进行锚定。例如，对于以成长为主要目
标的合作社，可以选用现金流、投资回报率、销售增长率等组
成的指标体系。其次，合作社需要定期测试和更新财务指标体
系。随着市场竞争环境和合作社发展战略的变化，部分财务指
标可能会变得不再适用，这就要及时引入新的财务指标，通过
定期测试和更新，确保财务指标体系的有效性和时效性。最
后，合作社需要建立系统的财务指标监控分析流程。该流程至
少应包括财务指标的收集、分析、报告、应对等环节。通过监
控和分析，合作社可以及时了解当前财务状况的变化，发现问
题，从而提高绩效管理效果。

（二）完善员工考核评价体系

　　合作社管理层应评估不同岗位员工的技能，对不同岗位的
员工制定具体的绩效要求。在进行指标设计时，应尽量使所设

计的指标达到定性和定量指标的有机结合，并确保不同部门和员工在评估期间进行公正、公平、有效的沟通。首先，员工考核指标应与合作社的战略目标和具体业务特点相匹配。例如，对于依赖创新驱动的合作社，应关注与创新有关的指标；对于关注客户满意度的合作社，应特别重视客户满意度相关指标。其次，合作社需要确保员工考核指标的可计量性和可控性。这就需要建立一套完整的指标数据管理系统，以保证考核指标的时效性和准确性。再次，合作社需要对考核指标进行系统有效的整合，建立综合的绩效评估模型，将定性和定量指标有机整合，以形成一个全面的指标体系。最后，为加强激励薪酬与员工个人业绩之间的关系，在计算激励工资时应当充分考虑每名员工各自承担的风险、责任等因素，以合作社经营业绩考核结果和个人考核结果为基础确定激励薪酬。

（三）加强激励文化建设

在完善薪酬激励机制的同时，合作社还要加强对薪酬激励文化的建设，只有员工认可薪酬激励文化，才能促使薪酬激励机制发挥最大效用。一方面，要在组织内部建立健全良性沟通机制。通过沟通机制，加强领导层与员工、员工与员工之间的了解与黏性，在组织内实现行为的统一协调。薪酬激励文化的宣传和贯彻离不开完善的沟通渠道，合作社可以通过定期召开例会、设立员工意见箱、定期问卷调查等方式进行信息的沟通和文化的塑造，让员工更理解合作社的战略目标，让领导层更多倾听员工诉求。另一方面，要加强合作社内薪酬激励文化知识的教育培训。在组织内部教育培训过程中，把薪酬激励文化与合作社的绩效管理结合起来，使员工对薪酬激励文化形成统一的认知，在日常工作中始终保持积极的创新态度，从而实现合作社内部良好的绩效氛围。

第二节 土地经营权入股的价值功能

一、整合城乡重要资源

农业是一种规模经济效益产业，当经营者对农地进行更大力度的生产投入时（如大规模的农业灌溉水利设施、大型光照设备和大棚式种植设备等），会大幅提升农作物的经济效益。乡村振兴战略的实质是以农民、农业和农村为现代化对象，培育新型农业经营主体，提高农产品附加值，进而发展现代品质农业。这就要求通过农业供给侧结构性改革将农产品由数量向品质和附加值转变，以延长产业链的方式推动初级农产品转向最终农产品。构建农业现代化的关键要素在于科技资源，机器只有在大规模耕种土地时才可以有效加以利用。改革开放之前农民从事单一的种田生产，改革开放之后农民开始从事各种非农活动并逐渐由"同质化"贫困群体向"异质化"阶层分化。土地的细碎化使得农业机械处于闲置状态，但大数据、物联网和机械化拓宽了农业生产边界，农业生产主体的耕作能力呈指数型增长，渴望实现规模化经营。2000 年开始我国的农资行业完全市场化，基层的农资经销市场已经达到饱和状态，农资销售在 20 年间一直处于高度竞争状态。以主产水稻的江汉平原调查为例，种子和农药的农资成本增加最多，为了保证土地的单位面积收益，农民只能尽可能地跟随当地行情，这种高度竞争的农资市场在不断吸附农业收益。其次，土地细碎化也在加剧农业生产的难度。我国的农地制度曾经对农地调整具有严格的限制，一方面依据《农村土地承包法》禁止大规模的土地调整，除非是遭遇自然灾害导致损毁等特殊原因；另一方面土地的登记确权也高度锁定农村现有的土地分配状态。产生的一系列后果是农业机械使用成本增加，小型机械需要自行购买，大型机械通过让利方式保证零碎田地的顺利生产，农业灌溉同样因为土地细碎不得不投入更多成本。

将土地经营权作价入股合作社，既可以带动将乡村的土地要素、农业生产机械和劳动力资源等进入合作社，又可以吸引城市资本、人才和管理技术加入合作社的现代化经营管理。整体来看，入股专业合作社可以发挥对城乡要素的整合功能，让农业生产经营呈现更集中和更规模化的发展态势，进而促进农业生产的现代化。专业合作社作为联结城乡重要资源的纽带，将辐射带动片区经济发展，改变人力资源流动不对称的现状，缓解乡村人口大量向城市涌入形成"空心村"的困境，让更多的劳动力愿意留在乡村，从事农业生产。资源的整合使得各类生产要素在城乡之间形成合理的双向流动。我国乡村发展滞后的主要原因就在于乡村人力资源的匮乏、资源的不对称流动、社会资本的缺位。城市和乡村本身应当是一个有机循环，这个循环应当是资源由乡村流向乡镇，乡镇再向县、市流动，再由县、市流回乡村。倘若资源仅仅流向城市，就没有实现回流。例如青壮劳动力长年间都是乡村到城市的单向流动，人才回流机制缺位，造成城乡之间人力资源结构失衡。乡村一直扮演资源的提供者角色，在市场发展的利益分配中被边缘化，乡村产业难以实现兴旺。中国的城市发展在多年间吸纳了大量资源，乡村为城市工业化建设提供了大量土地和劳动力，城市应当进行反哺，促进资源要素的良性循环。落实乡村振兴战略，要聚焦于城乡资源的整合，专业合作社在这一点上可以发挥重要作用。通过合作社的发展壮大，乡村更加具备吸引城乡要素聚集的能力，打造一支更高知识和技能的乡村振兴人员队伍，发挥社会力量的作用，促进资本积累，提升农产品的价值创造水平，实现产业兴旺和生活富裕的乡村塑造。

二、完善乡村治理体系建设

乡村治理是乡村振兴的重要内容。长期以来农村的管理是自上而下的模式，尤其是人民公社时期，公社覆盖了农村各项事务的处理，导致我国农村社会组织没有先天发育的环境和必要。但如今提倡乡村治理体系的构建，正是鼓励各类社会组织参与到治理中来。农民专业合作社作为农民自发结成的一种互助组织，本身就肩负了促进农村社会发展的社会职责，在为其成员提供生产线服务的同时，也要代表其成员参与到农村各种公共事务中。可见，农民专业合作社还兼具了乡村治理的功能。中央一号文件指出，农民专业合作社是乡村治理的有效载体。建立乡村治理体系不能单项作战，要充分发挥农民专业合作社的组织力量，明确合作社在乡村治理格局中的具体功能定位，是实现国家治理现代化的重要构建单元。乡村治理本身就是一套兼具正式规则与非正式规则的系统。一方面，乡村治理要严格遵循国家的各项法律法规，另一方面，由于乡土社会各自发育程度的不同，又存在大量不同的村规民约等，因此强调多元主体参与、民主协商和共同决策契合了农村社区发展的现实需要。

十八大是我国乡村治理体系组织架构转变的分界点。十八大以前，乡村治理主要依赖于农村党支部和村委会的职能完善，这种农村公共事务管理模式的局限性在于，不仅给党支部和村委会带去更繁重的工作压力，而且包揽式的任务分配使得乡村治理体系愈发封闭，不利于社会组织的发育。治理应当是一种多元化、合作化、民主化的管理手段体现，乡村治理更应当是对乡村公共资源的合理配置，强调乡村多元主体参与其中，通过民主与合作的决策过程建构起一个协作协同体系。这种农村治理体系的形成，又可以反过来催生更开放的治理环境，提升各治理主体的治理水平，因为乡村治理永远是一个动态过程，随着外部环境、人员结构和组织形态的变化进行调整。在这样的良性互动中，多类主体才能够及时准确地反馈不同利益主体的治理诉求，形成高水平的乡村治理制度。在十八大以后，构建乡村治理体系的核心思想就转变为以党支部、村委会为主，发挥多元主体的协作功能。推进专业合作社发挥乡村治理作用，参与构建乡村治理组织架构，不仅仅是治理手段上的现实需要，更是提升专业合作社发展质量的有效途径。专业合作社的治理分为对内和对外两部分，对外参与治理工作可以密切和社区的联系，强化区域之间的资源支撑，促进合作社的持续发展。这对于自身内部治理同样是一份可借鉴的逻辑经验。

专业合作社参与乡村治理，标志着我国乡村治理模式正在转型。合作社在乡村治理中的价值功能具体定位在以下几个方面：第一，对农民进行教育和培训，提升农民社员的互助合作意识。我国农村的现代化发展不仅需要产业兴旺，也需要一批具备科学素养和理性思想的现代农民队伍。合作社作为农民最熟悉的集体经济组织，通过产业联系开展培训工作，可以提升成员综合素质，实现乡风文明。第二，调节农民内部矛盾。组织是一个集体，当众多个体聚集到一个集体中，必定会因为观念和行为上的差异、对公共事务的认知和利益诉求不同等因素产生纠纷。合作社在这方面也可以承担部分公共管理的职能，化解成员之间及成员和合作社组织之间的矛盾，减轻党支部和居委会的调解压力，第三，增强农民对公共事务的参与意识，弥补农村公共服务缺位的难题。乡村治理体系的内容包括了基础设施的建设和公共服务的提供，在乡村振兴的背景下，这些事务的工作量必然大幅度增加。农民专业合作社具备参与基础设施的建设和公共服务的提供的能力，将部分公共资源管理的任务交给农民专业合作社，既可以提升内部成员参与公共事务的水平，也可以扩大合作社的业务范围，增加社员收入。第四，增强专业合作社的社会责任感。农民通过土地经营权入股专业合作社后，由于内部成员的同质性，会更多地关注农村的建设与发展。合作社组织即便在逐利的过程中效仿现代化企业的管理模式，也不会丧失其社会性，而成为和商事企业功能雷同的市场经济主体。土地经营权入股专业合作社，可以壮大合作社的生存空间，让其更好地分担乡村事务。

三、推动农业结构优化

农业结构调整是增大农产品竞争优势、提升农户收入攀升动力和发展规模农业的现实选择。新一轮农地制度改革的重要目标就是通过放活土地经营权实现土地资源的优化配置。农户在面对当前经济发展的现状时也产生矛盾心理，一方面希望通过从事非农行业分享时代红利，另一方面也囿于失地风险导致对土地资源的浪费。而将土地经营权入股合作社，并不影响土地的保障功能的继续发挥，因为土地承包权依然稳定，让渡的是只具备财产功能的土地经营权。农户将土地经营权入股后，可以获得更充分的财产收益，继而推动农业结构优化升级，同时承包权握在手中也不必担心因为合作社负债等状况影响自身权利。

农业结构优化升级的过程全貌：土地细碎化使得土地流转成为必然，通过土地流转将细碎土地集中，形成农地规模效应，再引入资金、技术和人力，从而推动农业结构优化。20世纪的家庭联产承包责任制促进了生产力的大力解放，同时也造成了土地细碎和小规模农业现象。因此，要创新农地改革制度，加大土地经营权的流转力度。农业结构优化升级的必备条件是实现农业的规模经营，土地经营权入股专业合作社，正是通过生产的组织化形成规模效益。坚持专业合作社在农业结构优化中的角色本位，将其培育为内生型农业规模经营主体。长期以来，我国的农业发展进程中存在农业增产和农户增收不同步的特点。人们的消费选择已经转变为更加青睐高质量的农产品，而农户手中的农产品因为一直注重数量积累，忽视与市场需求的接轨，导致众多低质量的农产品形成积压，价格大幅降低，这就是粗放型农业结构带来弊端。因此，要通过规模效应实现农业结构的优化升级。专业合作社的价值功能与农业产业现代化之间存在高度契合，依托合作社的发展壮大有利于构建现代化农业生产经营体系。

专业合作社在推动农业优化升级方面可以发挥重要作用：一是在市场各类主体的博弈中，将农户进行有效联结为分散的农户提供一个与市场对接的平台，减少农户在获取市场信息上的滞后性，降低参与市场竞争的风险性，破除当前农业经营上的分散现象。二是专业合作社可以将农户组织起来开展集中经营，在农作物种子的供应和大型机械的应用上，都可以发挥组织效应，形成标准化作业，降低农产品成本，提升农产品质量。三是通过土地经营权的入股为合作社带来人力资源和经济资源，化解了合作社在融资上的困境，为合作社助推产业结构升级提供了契机。

第三节　农民合作社的产权结构与运行机制

一、按照合作社的产权结构

按照合作社的产权结构划分，不仅有发起人带动型，还有股份合作型、社区合作型、合作社联合型等类型，呈现出多样化管理模式。

（一）发起人带动型

这种类型的农民合作社，发起人对合作社的组织结构和运行管理起着至关重要的作用。按照发起人主体可以分为三类：能人带动型、企业带动型、项目依托型。

1. 能人带动型

农民办合作社需要有能人发起，这些能人主要是具有技术、市场、资金的农村能人和村干部等，我国大多数农民合作社属于这种类型。合作社的产权结构有两种情况：①成员入社时缴纳大致相等的股金以及由发起人及核心人员出资；②绝大多数社员入社不入股，或者只是象征性出一点资格股。

由合作社成员共同出资成立的合作社，管理实行"一人一票"制，社员与合作社的联系比较紧密。合作社遵循国际合作社联盟关于"资本报酬有限"的原则，按社员与合作社交易量返还比例高于按股金分红。

目前，农民合作社社员普遍具有"利益共享、风险不担"的意识。由能人发起成立的合作社大多数是由发起人及核心人员出资，社员入社未入股，主要是通过购买生产资料、技术服务、生产、加工、储运、销售等环节享受优惠服务。合作社出资人之间是合伙关系，与社员主要是服务关系。合作社对社员的组织管理效率总体较低，内部民主管理和盈余返还机制未形成法律规定的合伙企业或者合作社运行模式。

2. 企业带动型

龙头企业为了获得稳定的加工原料或者享受优惠政策领头创办合作社，或者以"企业+合作社+农户"的形式与合作社联合发展产业。由于企业具备较强的经济实力和市场优势，在合作社管理中处于主导地位。

这类合作社多数利益联结机制较为松散，成员的生产经营相对独立，农户只是通过企业抵御市场风险和自然风险。虽然合作社章程规定分配坚持按交易额返还原则，但企业的逐利性易使利益返还虚化，农产品多时还会在价格上打折扣；社员也会受利益驱使，农产品少时将产品卖给出价高的收购商。

3. 项目依托型

《农民专业合作社法》和中央相关文件规定，财政扶持资金投入合作社应当量化平均到每个社员，形成的资产交由合作社持有和管护。由于其资产主要是政府投入，社员投资入股较少，各地对政府投入合作社的资产由合作社持有和管护，产生的效益是否应该提取折旧，利益怎样平均分配给社员，有关部门如何实行监督和管理等，在理解和执行中还有差异。合作社资产所有权、决策权、执行权、监督权在实际操作中互相交织，管理权主要在村集体或核心社员，政府部门干预较多，农民参与管理程度比较低。

（二）股份合作型

为了适应农民对财产性资源合作的需求，各地出现了许多农民股份合作社。按照合作的要素不同，有资金股份合作和资源股份合作两种形式。

1. 资金股份合作

合作社社员有资金入股，在生产合作的同时开展信用合作。

按照资格股和投资股两种股权性质，实行按交易额分红与按股分红相结合的分配形式。从总体看，农民合作社发展缺少资金是主要矛盾，普通社员投资数额较小的资格股获得社员资格，或将少量闲散资金入股，目的是获得贷款资格或获取高于银行存款利息的回报。因此，这类合作社发起人股东和一部分（低于社员总数的20%）非农民身份的社员在投资股中往往占较大的比重，在合作社管理中发挥主导作用。

2. 资源股份合作

资源股份合作主要是土地、林地、水面或其他生产资料。农（林、水）地股份合作社是农户将承包的土地入股合作社，由合作社统一经营或者对外转包经营，社员按股分红。合作社实行"一人（户）一票"制管理模式。其他生产资料有农业机械、农业设施等，采取折价入股方式参与合作社经营和分配。

股份合作社产权清晰，分配以投资额的多少作为主要依据。

虽然以资本联合为基础在一定程度上违背了合作社"以劳动联合为主，资本联合为辅"的原则，但是从资源配置和经营效率角度来看，这种分配机制实现了按资分配（股息）和按劳分配（交易量、贡献程度）相结合，对于提高合作社成员的积极性、提高资源配置效率有激励和促进作用。

股份合作社要防止资本、技术、人力等资源集中在少数大股东手中，影响社员参与决策和管理。此外，股份分红为主的利益分配机制如果不加规范，可能会使资本联合的利益驱逐劳动联合的利益，使合作社异化成为股份制企业性质。

（三）社区合作型

这类合作社是社区性以资产为纽带、股东为成员的集体经济组织。目前普遍是由村集体将集体经营性净资产量化折股，分资到民，归入新组建的股份合作社管理。

社区股份合作社是建立在集体资产较为雄厚的基础上，有效解决了村级集体资产产权不清、收益分配不规范、资本保值增值难度大等问题。

（四）合作社联合型

近年来，农民合作社联合社发展较快。参加联合社的成员主要是规模较小的合作社，有的联合社还出现了种植业、畜牧业与流通、加工业跨行业合作模式。农民专业合作社通过联合与重组，合作内容由生产领域向生产、流通、加工、信息、信用合作等多个领域延伸。

二、农民合作社的运行机制

农民合作社对内实行民主管理利益共享，对外追求效益最大化，需要立足自身特点，建立适应民主管理并具有活力的运行机制。

（一）民主与效率兼顾的内部管理机制

"一人一票"的民主管理模式，体现了以人为本的理念和合作社"民办、民管、民受益"的原则。但是我国正处于工业化、城镇化快速发展的时期，农村劳动力大量转移，同时由于合作社成立初期大多数社员不愿承担合作社的经营风险，入社不入股，对合作社的管理不大关心，开会决策难度大，管理效率低。

基于我国农民合作社外部环境的不稳定性和内部机制缺陷，一方面，社员入社应该入股，这样有利于完善管理制度，防止决策权集中在少数人手中，增强社员的认同感；另一方面，通过设立附加表决权，适当扩大理事会的职权，激发核心成员的积极性和主动性，提高管理效率，增强在市场经济条件下的竞争力。

（二）利益共享与公平兼顾的分配机制

农民合作社无论是能人发起还是企业带动，盈利分配按交易量返还虽然有利于普通社员，但对发起人或企业及核心成员的资金投入、合作社管理、开拓市场的贡献体现不够，激励作用不明显，这将会使带头人缺乏动力，影响合作社可持续发展。

随着农民合作社类型多样化，采取多种利益分配方式，有利于调动合作社核心成员和普通社员两个方面的积极性。作为利益共享，应当限制发起人（企业）的持股规模，特别是在合作社发展起来后应逐步减少发起人的持股，形成合理的产权结构；兼顾公平，合作社可通过章程或者其他管理制度决定分配形式，明确合作社管理人员的佣金，对合作社有贡献的社员予以奖励。

（三）社会化农业信息服务机制

目前，我国农业信息服务呈现出服务内容多样化、服务手段现代化、服务渠道社会化的趋势。手机短信、微信、电子邮件等渠道，成为农民合作社快速、及时地将各种信息发布给社员的有效途径。

（四）农产品质量安全可追溯机制

建立"从田头到餐桌"的农产品质量安全体系，涉及生产原料供应、种植养殖、生产加工、包装运输、销售消费等环节，其中对分散农户种植、养殖过程实施标准化生产和农产品质量追溯是最难控制的薄弱环节。

主要参考文献

范亚丽，2022. 土地经营权入股专业合作社的法律规制
　［D］. 重庆：重庆大学.

冯琼，郑双怡，2024. 农民专业合作社促进农户增收的效
　果评价及政策优化研究［M］. 北京：中国农业出版社.

韩一军，李岩，2023. 现代家庭农场经营管理学［M］. 北
　京：中国农业出版社.

史冰清，2023. 乡村振兴背景下农民专业合作社发展进路
　［M］. 北京：社会科学文献出版社.